无印良品文具。MUJI STATIONERY

日本G.B. 编著　　王宇佳 译

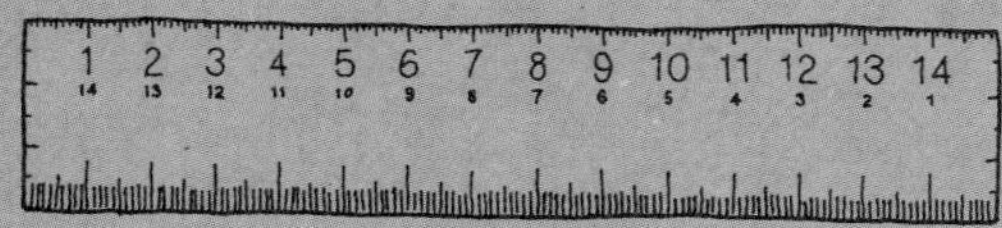

南海出版公司
2021 · 海口

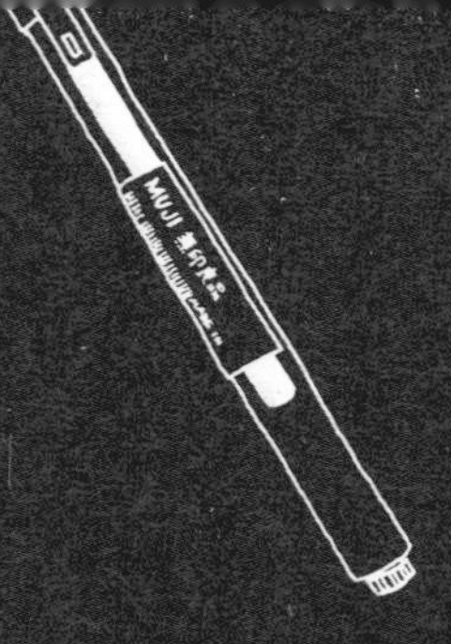

无印良品的文具

没有Logo（标识）和多余的装饰，设计简单又质朴，用色低调不张扬。只保留必需的元素，产品性能极高，价格却相对便宜。看上去没什么特点，却处处透露着巧思。简单清爽的设计，最适合日常使用。

在学生时代，拥有一件无印良品的文具，会觉得是件令人骄傲的事，相信很多人都有过这样的经历吧！

无印良品这个品牌创立于1980年。仅一年，它的第一款文具产品“便笺账”就诞生了。

作为无印良品产品中的元老，文具的地位举足轻重。目前，无印良品发售的文具多达500余种，由此可见，它已经将喜爱文具的初心彻底发扬光大了。

随着时间的推移，无印良品的文具之路还将继续延伸，请跟我们一起深入了解它们的独特魅力吧！

本书原版为日版书（于2018年发售），书中介绍的部分商品未在中国地区销售，敬请谅解。
注：为符合出版规范，部分商品名称与官网略有出入。

ステー
ショナリー
Stationery
文具・相册

INDEX

Chap.1 精选

本章为大家精选了二十件无印良品的独创文具，
并从研发者那里收集到了研发背后不为人知的秘密。

Chap.2 用法

无印良品的文具设计简单，使用者可自由进行创意设计。
本章由多位资深文具爱好者向大家传授使用的秘诀。

Chap.3 收纳

用完文具后，为了防止弄丢，一定要好好收纳起来。
本章将按照材质向大家介绍无印良品的收纳用品。

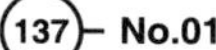

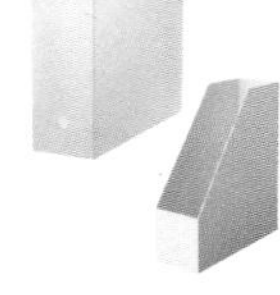

聚丙烯收纳系列
文件盒

- 聚丙烯
  立式文件盒 A4 用
- 聚丙烯文件盒
  标准型 A4 用，等等

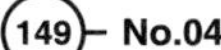

亚克力收纳系列

- 亚克力笔筒
- 可叠放亚克力二层式
  抽屉・大
- 亚克力项链、耳环架，等等

141 No.02

聚丙烯收纳系列
收纳盒

- 聚丙烯抽屉收纳盒
- 聚丙烯抽屉收纳盒用
  隔板
- 可立式收纳文件包
  A4 用，等等

153 No.05

ABS 树脂桌上收纳系列

- ABS 树脂 A4 文件托盘
  A4 用
- ABS 树脂 A4 带脚托盘
  A4 用（附带四个脚）
- ABS 树脂 A4 半型
  分隔盒，等等

145 No.03

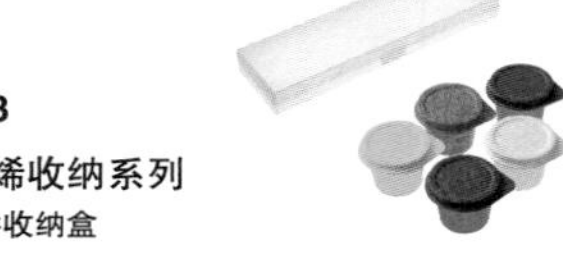

聚丙烯收纳系列
小物件收纳盒

- 聚丙烯笔盒（横型）
- 聚丙烯眼镜・小物件收纳盒
  立式
- 聚丙烯小物盒，等等

MDF 收纳系列

- MDF 小物件收纳箱一层
- MDF 文件整理托盘 A4・二层
- MDF 笔筒，等等

Chap.4 MUJI 故事

本章将向大家介绍文具的研发过程、设计理念、材料及尺寸等。
了解了这些文具背后的故事，你一定会更爱无印良品。

MUJI 無印良品
中性ゲルインキ六角ボールペン用リフィル

Chap.1

精选

本章为大家精选二十种无印良品的文具，其中既有售卖了三十多年的畅销产品，也有近几年比较热门的人气产品。我们采访了这些文具的研发者，并收集了产品背后不为人知的小故事，一定能让你看到这些文具与众不同的一面。

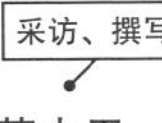

[日]菅未里

文具达人。因为喜欢文具，大学毕业后便在杂货店就职，主要负责销售文具。如今，同时从事产品研发、文具卖场宣传、撰写相关文稿等工作。著有《爱上文具》（日本洋泉社）、《让人每天心情愉快的文具》（日本KADOKAWA）等书。

Chap.1 / 精选

No.01

规格 / 约 140×100mm · 200 张
上市时间 /1981 年

再生纸便笺笔记本

memory pad

这款便笺笔记本看上去虽不起眼，却是历史悠久的畅销品。它在无印良品诞生后的第二年发售，至今一直保持着最初的设计，从未改版或涨价。几十年来，改变的只有名字而已（刚上市时叫“便笺账”）。这款便笺笔记本最初是放在固定电话旁的，现在使用方法则变得多种多样。我最喜欢的是它的尺寸，比一般的便笺本大一些。虽然我有各式各样的便笺本，但是一直仍觉得它是最好用的——空间足够大，写起字来很方便。这个尺寸真是太合适了，怪不得这么多年一直保持原样。那么，这个尺寸究竟是如何确定的呢？上市这么多年，背后又有怎样的故事？可能现在的产品研发者也不知道吧。这么说来，还真想一探究竟。

原料に古紙(50%)の再生紙を
使用しています。
再生紙
メモパッド
NOTEPAD
約140×100mm・200枚
無印良品
日本製
MADE IN JAPAN
お客様室電話0120-14-6404
税込 84円
4934761476353

无印良品文具

History of 40 years

畅销了 40 年的文具

四十年说长不长，说短也不短。从我个人的角度来看，一点都不觉得长，也许是因为我喜欢上文具时，无印良品的文具已经名声在外了吧。那时候，无印良品的铝制铅笔盒和纸筒装自动铅芯是文具爱好者梦寐以求的东西。到了现在，无印良品的文具几乎随处可见，这与当时真是千差万别。这款最早上市的便笺笔记本在当时并不常见，所以更显弥足珍贵。因此，也请大家爱惜这款有历史感的便笺本。

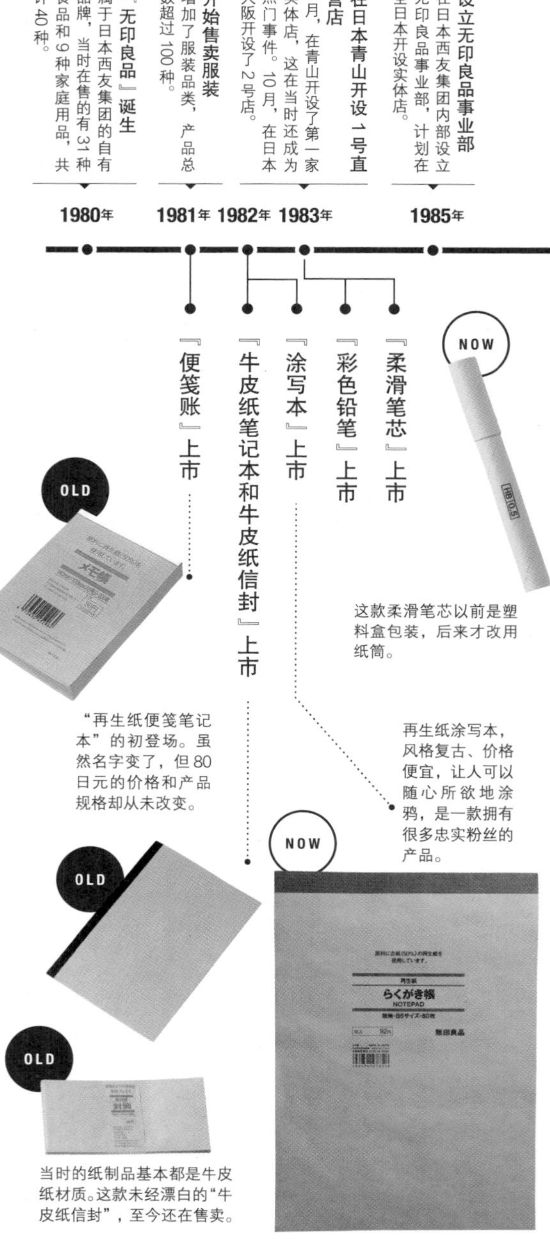

1980年
『无印良品』诞生
属于日本西友集团的自有品牌，当时在售的有31种食品和9种家庭用品，共计40种。
1981年
开始售卖服装
增加了服装品类，产品总数超过100种。
1982年
1983年
在日本青山开设 1 号直营店
6月，在青山开设了第一家实体店，这在当时还成为热门事件。10月，在日本大阪开设了2号店。
1985年
设立无印良品事业部
在日本西友集团内部设立无印良品事业部，计划在全日本开设实体店。
『便笺账』上市
『牛皮纸笔记本和牛皮纸信封』上市
『涂写本』上市
『彩色铅笔』上市
『柔滑笔芯』上市
NOW
OLD
OLD
OLD
NOW
HB 0.5
らくがき帳
NOTEPAD

这款柔滑笔芯以前是塑料盒包装，后来才改用纸筒。

“再生纸便笺笔记本”的初登场。虽然名字变了，但80日元的价格和产品规格却从未改变。

再生纸涂写本，风格复古、价格便宜，让人可以随心所欲地涂鸦，是一款拥有很多忠实粉丝的产品。

当时的纸制品基本都是牛皮纸材质。这款未经漂白的“牛皮纸信封”，至今还在售卖。

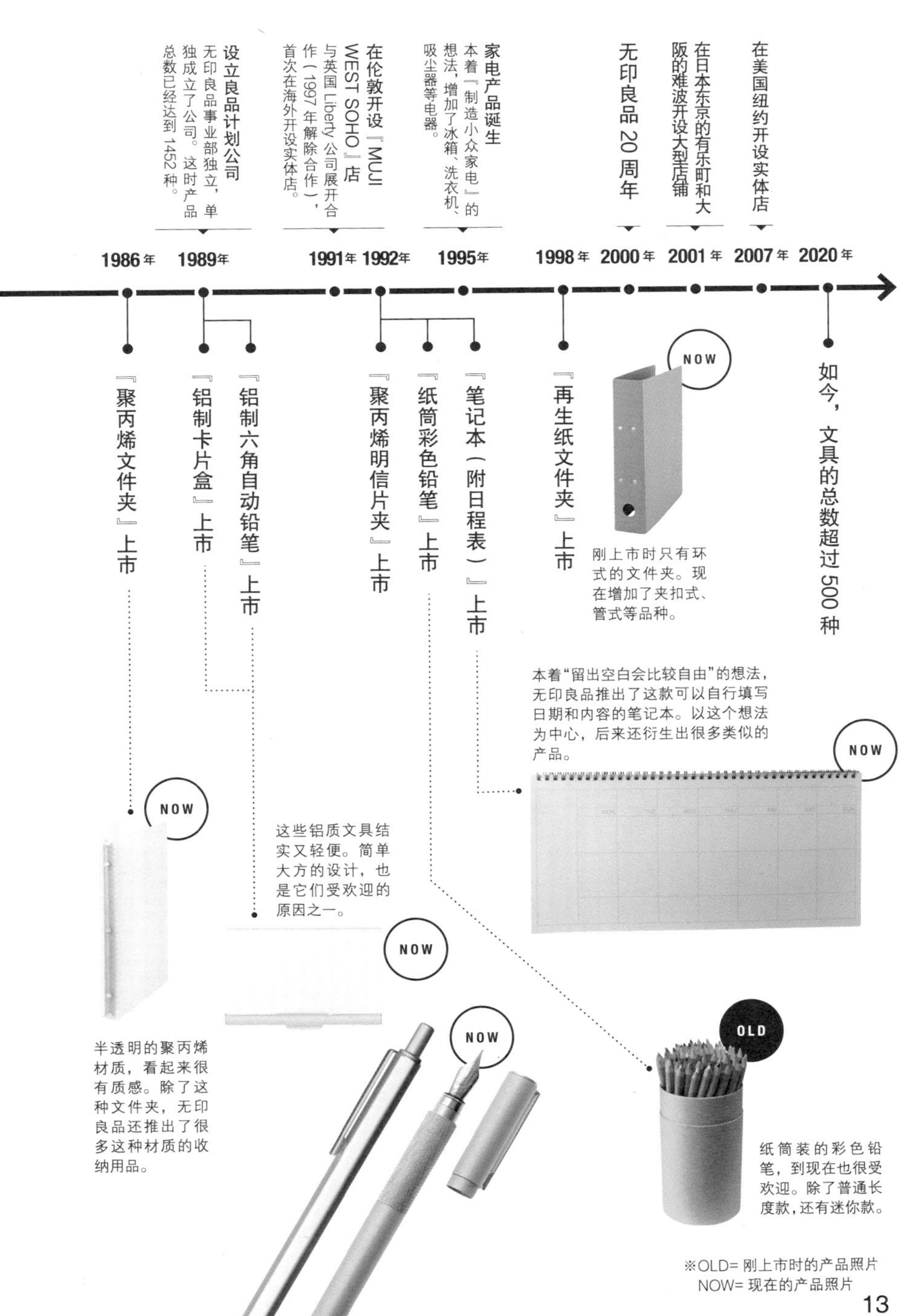
设立良品计划公司
无印良品事业部独立，单独成立了公司。这时产品总数已经达到 1452 种。
在伦敦开设『MUJI WEST SOHO』店
与英国 Liberty 公司展开合作（1997 年解除合作），首次在海外开设实体店。
家电产品诞生
本着『制造小众家电』的想法，增加了冰箱、洗衣机、吸尘器等电器。
无印良品 20 周年
在日本东京的有乐町和大阪的难波开设大型店铺
在美国纽约开设实体店
1986年
1989年
1991年
1992年
1995年
1998年
2000年
2001年
2007年
2020年
『聚丙烯文件夹』上市
『铝制卡片盒』上市
『铝制六角自动铅笔』上市
『聚丙烯明信片夹』上市
『纸筒彩色铅笔』上市
『笔记本（附日程表）』上市
『再生纸文件夹』上市
如今，文具的总数超过 500 种
NOW
NOW
NOW
NOW
NOW
OLD

刚上市时只有环式的文件夹。现在增加了夹扣式、管式等品种。

本着“留出空白会比较自由”的想法，无印良品推出了这款可以自行填写日期和内容的笔记本。以这个想法为中心，后来还衍生出很多类似的产品。

这些铝质文具结实又轻便。简单大方的设计，也是它们受欢迎的原因之一。

半透明的聚丙烯材质，看起来很有质感。除了这种文件夹，无印良品还推出了很多这种材质的收纳用品。

纸筒装的彩色铅笔，到现在也很受欢迎。除了普通长度款，还有迷你款。

※OLD= 刚上市时的产品照片
NOW= 现在的产品照片

No.02

规格 /A4 · 10 个
上市时间 /1996 年之前

聚丙烯
透明文件夹

clear case

这种用来放文件的夹子，英文一般写作“clear holder”，但不知道为什么无印良品却称它为“clear case”。不过，应该也没几个人在意文件夹的英文是什么吧。毕竟它是一款超级不起眼，也没什么存在感的文具。其实，真正专业的文具品牌，对文件夹的设计是很讲究的。仔细观察就会发现，各个品牌生产的文件夹，厚度和细节都有所不同。比如，为了防止文件夹开裂而做的小处理，或是为了使文件更易取出的小机关……虽然人们在使用时并不会去关注文件夹本身，但这些看似不起眼却充满诚意的细节比比皆是。下面就让我们仔细了解一下无印良品的这款文件夹吧。

看起来不起眼，却大有玄机的文件夹。

◀普通透明文件夹

无印良品透明文件夹▶

UP

◀小切口

◀放纸时，文件夹接合处经常勾住纸张。

无印良品的文件夹，接合处在外侧，不会勾住纸张。▶

◀打开时力量会集中到切口处，时间久了接合处易开裂。

能直接将纸放到最下端，看起来更整齐。▶

一般　普通文件夹接合处在内

普通文件夹的接合处都是在内侧，为了防止文件夹从接合处开裂，通常会在旁边加一个切口设计。

无印良品　无印良品文件夹接合处在外

无印良品的文件夹接合处在外侧，这样一来，不但纸张不易被勾住，而且很容易将纸放到最下端，看起来更整齐。

Ⓐ 有一定的厚度

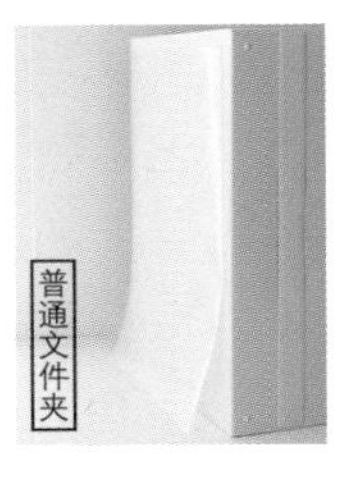

无印良品的文件夹有一定的厚度，可直接竖着摆放。其他文件夹一般比较软，立不起来。

Ⓑ 表面增加小细纹，避免反光

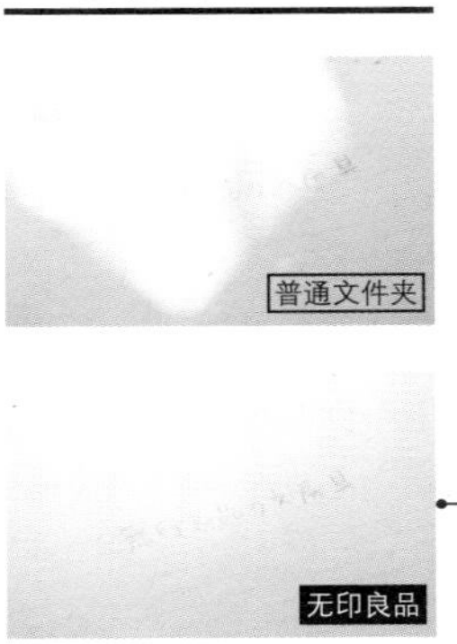

无印良品的文件夹表面有小细纹，是半透明的哑光质感，能有效避免反光。

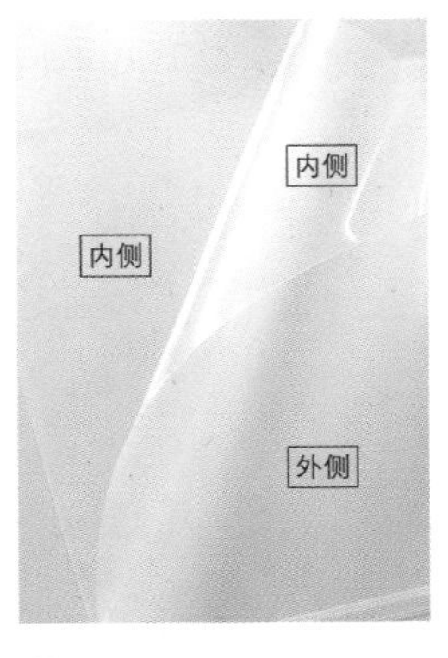

Ⓒ 内侧质地光滑

无印良品的文件夹，仅外侧有小细纹，内侧则非常光滑，取放文件更轻松。

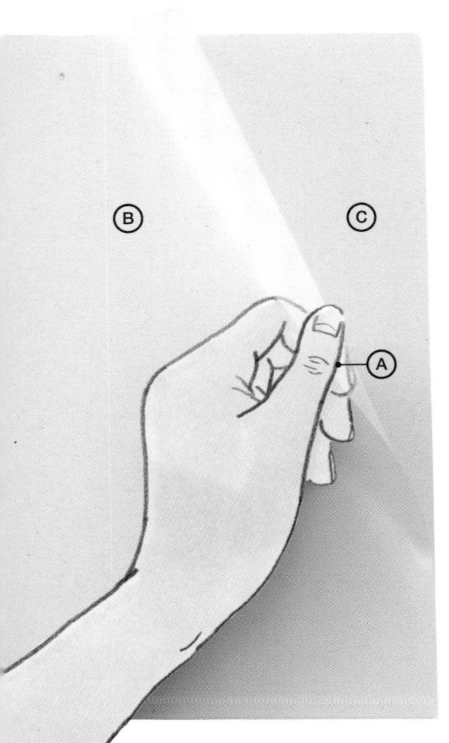

很难想象，像透明文件夹这样不起眼的文具，背后竟有如此多的玄机。不过，越是简单的文具，越能体现品质。下方接合处的设计非常巧妙，不但方便取放文件，而且结实又美观，可以说是一石三鸟了。但是，无印良品的文件夹只有 A5（跟本书尺寸类似）和 A4 两种规格。据说是因为觉得 B 尺寸（B5 和 B4 等）并不常用。透明文件夹是平时最常见的文具之一，很多人并不在意，只选最便宜的买。其实，这种充满设计巧思的文件夹未尝不是一种很好的选择。

No.03

规格 / 刻度总长 15cm
上市时间 /1996 年之前

亚克力透明尺

acrylic clear ruler

为了让更多的孩子使用这款尺子，它的定价只有 50 日元。别看它便宜，做工和设计却毫不含糊。我最中意改良过的刻度部分，刻度的斜面虽然只延长了 1mm，看起来却清楚很多（p20）。无印良品十分注重产品的细节。

这样说来，这款尺子上的字体看起来是不是很眼熟？其实它是无印良品的原创字体，在别的产品上也有使用。无印良品的员工们都称其为“MUJI Helvetica”。我对字体有一定的执念，不过我不喜欢花哨的风格，反而很中意无印良品这种简单清晰的字体。“MUJI Helvetica”这个名字听起来也不错。

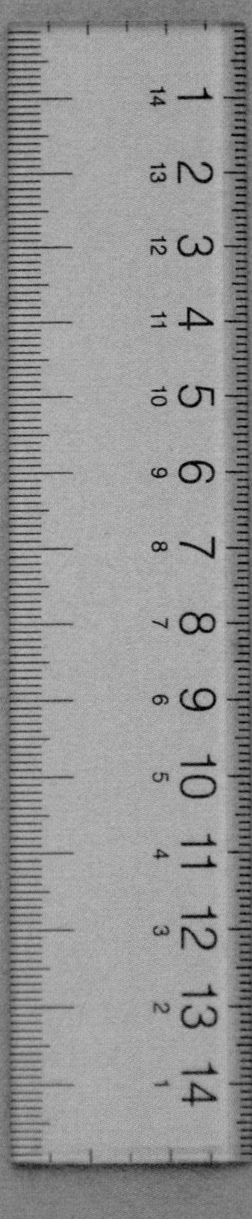

倾斜度、厚度、字体……只为打造一把方便测量的尺子。

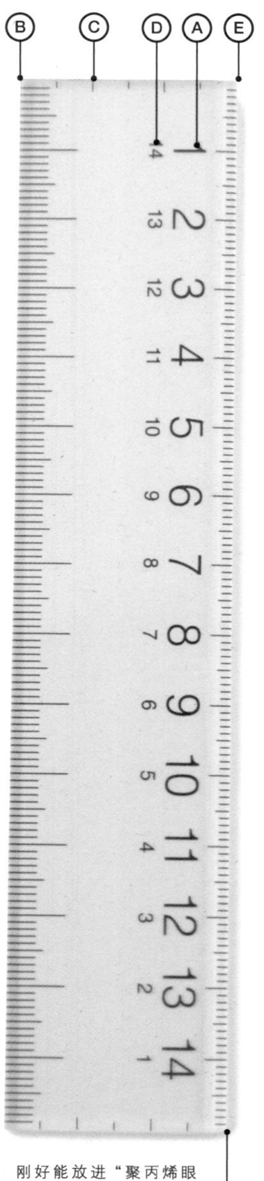

刚好能放进“聚丙烯眼镜·小物件盒”（p145）的尺寸。数字比之前的版本更大，看起来更清晰。

桌上迷你台历

郭公报时挂钟·大

Ⓐ 简单清晰的字体

这款尺子上的字体简单而清晰，在无印良品的其他产品上也有使用。而且字体的名字读起来也非常顺口。

无印良品的原创字体“MUJI Helvetica”，不但名字朗朗上口，样子也让人越看越舒服。想设计出这样一款简单、漂亮又清晰的字体，可不是一件容易的事。大家可以在无印良品的各个产品上找找看，该字体的出镜频率还是很高的。采访时听无印良品的工作人员说“对尺子进行改良”，我

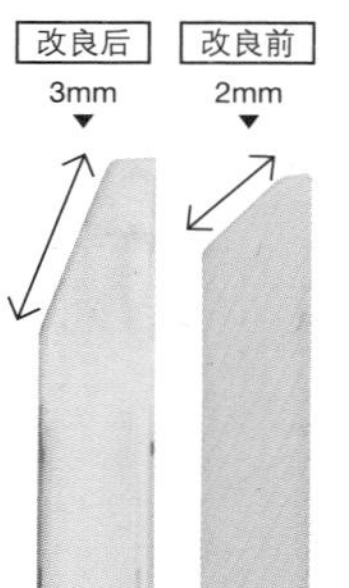

Ⓕ 刻度部分更容易看清

经过研究，无印良品将这款尺子的斜面延长了1mm。原来2mm的斜面会使刻度扭曲，读取时很费劲。而3mm的斜面，能使整个刻度都清晰可见。

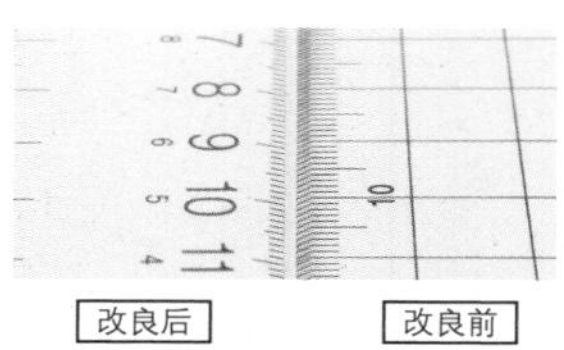

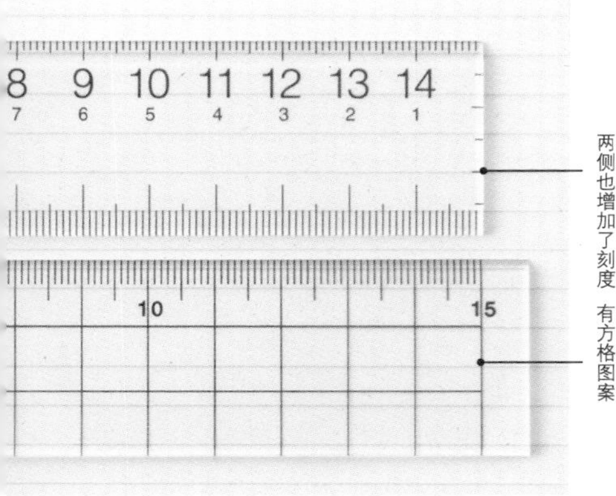

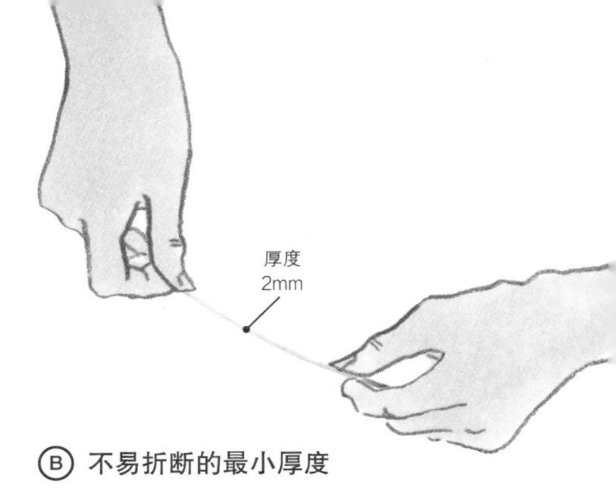

Ⓑ 不易折断的最小厚度

不同的尺子厚度通常有很大差别。当然，越厚就越结实，但相应的，重量也会增加。2mm 是正好的厚度。

Ⓒ 为了使画出的线更正在两侧也增加了刻度

改良前的尺子上有方格图案，这个设计是为了使画出的线更正。但是在改良时，刻度由原来的每 5cm 一个标识，变成了每 1cm 一个标识，这样方格就显得太碍事了。于是，设计人员就去掉了原来的方格，在尺子两侧增加 5mm 的刻度。

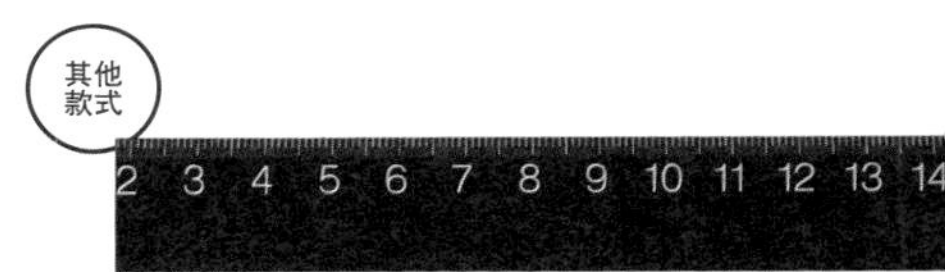

两面都有刻度的尺子

这是一款跟透明尺子风格迥异的尺子。为了更好地读取刻度，设计者干脆将底色做成了黑色。这把尺子两面都有刻度，一面给惯用右手的人使用，另一面给惯用左手的人使用。

当时还在想，一把尺子会有什么需要改良的地方？没想到改良的效果如此惊人。定价只有 50 日元的尺子，也要如此费尽心思，真是让人佩服。尺子跟笔或本子不同，一直是默默无闻的小配角，它的背后竟然也有这么多玄机，真让人刮目相看。

Ⓓ 从左右两侧都能读取刻度

为了方便所有人使用，设计了左右两侧都能读取刻度的尺子。像这种方便左撇子使用的文具也越来越多了。

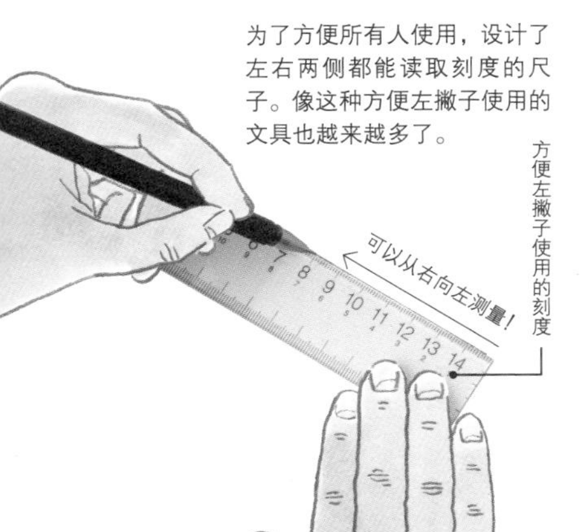

Ⓔ 从边缘开始测量适合成人使用

小孩子一般不会从尺子边缘开始画线，所以很多尺子都会在边缘设计一个留白。不过，有了留白，测量长度时就会有所不便。无印良品的这款尺子没有留白。

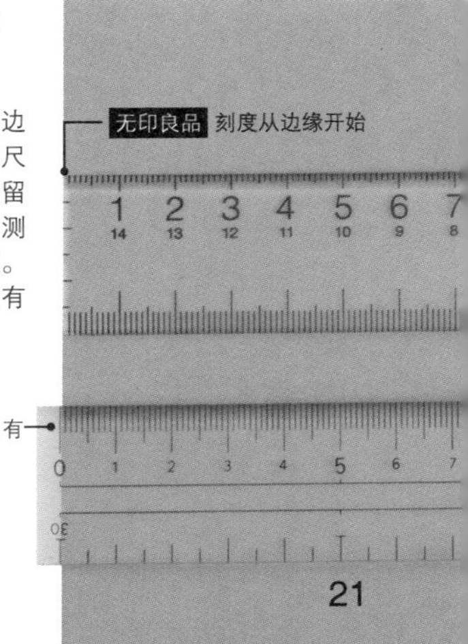

No.04

规格 /A5・88 张
上市时间 /2005 年 8 月

再生纸周刊志 四格笔记本・迷你

four-panel notebook

这是无印良品最具代表性的原创笔记本，从我上高中时就开始流行了。设计的亮点是独创的四格形式，当时没有这样的笔记本。如今，这种设计的笔记本随处可见，但最早推出这个样式的却是无印良品。

本子上的格子对书写和绘画是一种制约，但有时也能起到辅助作用，这一点跟横线和点阵等形式差不多。那么，它与横线、点阵等形式有什么不同？其实，方格的使用方法多种多样，当然在日本最常见的还是用来画漫画。因为，这是一款能激发人想象力的笔记本。

在动漫爱好者中很有人气的
四格笔记本。

诞生于“严冬时代”的笔记本。

二十一世纪初期，无印良品的文具销量一度下滑，那段时间被无印人称为“严冬时代”，这款四格笔记本就是在这样的背景下诞生的。最初的想法是模仿书籍的大小、装帧等，制作出像书一样的笔记本。除四格笔记本之外，还推出了文库笔记本、周刊志笔记本、单行本笔记本、绘本笔记本等。这款四格笔记本是比较冒险的设计，却意外地受到了好评。购买的人群很大一部分是动漫爱好者。如今，四格笔记本已经不是常规产品，只在特定的时间销售。发售的消息一经传出，马上就会被抢购一空。这种销售方式是非常明智的，因为产品的特殊性，一旦变成常规产品大批生产，反而有可能造成库存积压。

能塞进裤兜的文库笔记本很受日本中年男性欢迎。

用跟出版物一样的纸张和装订方式做出的笔记本。

再生纸
单行本笔记本
约 195mm × 137mm
184 张

再生纸
文库笔记本
约 148mm × 105mm
144 张
※ 薄款为 50 张

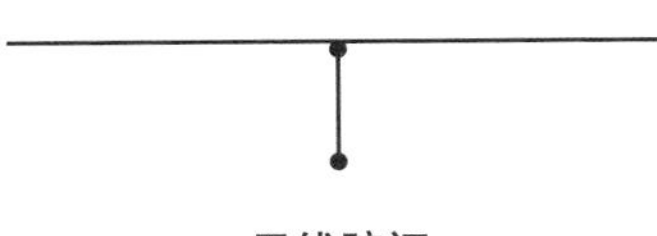

无线胶订

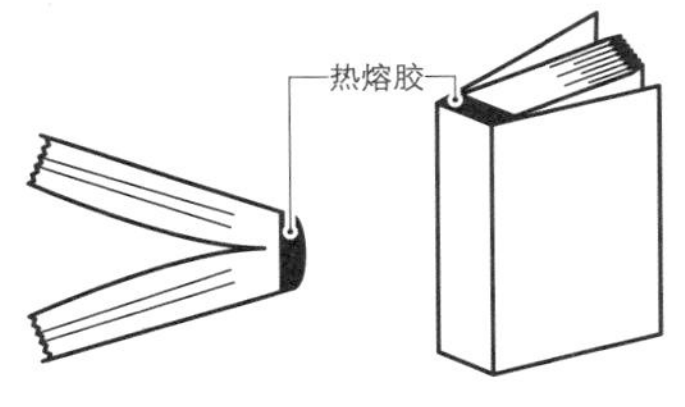

无线胶订是一种不使用骑马订和线，用热熔胶将书页装订在一起的装订方式。在日本，文库本和软皮书籍一般都用这种方式装订。

边缘凹凸不平，这种感觉很特别。据说是因为加了书签线，书页无法切平处理。

再生纸
周刊志笔记本・迷你
约 210mm × 148mm
A5・88 张
※ 目前已停止销售

周刊志
四格笔记本・迷你
约 210mm × 148mm
A5・88 张

骑马订

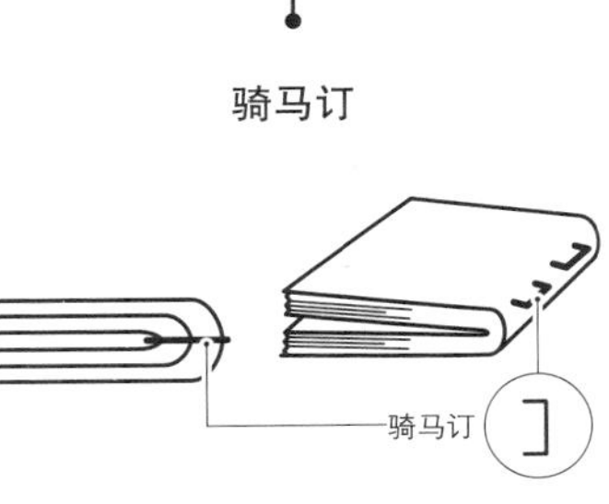

骑马订是将书页对折，中间用骑马订固定的装订方式。它的优点是可以平摊，杂志或宣传册一般会用这种方式装订。

四格笔记本的纸张有一定的纹路，对于文具爱好者来说，用不同的笔搭配这种特殊的纸张，是件很有意思的事。

No.05

规格 /B5・30 张・6mm 横线・5 种颜色
上市时间 /1996 年之前

原浆纸笔记本・五册组

anti show-through notebook

这款原浆纸笔记本，也是无印良品最具代表性的文具用品之一。据说，这款笔记本的研发者是一个非常热心的人，经常亲自到现场查看纸张的颜色和横线的浓淡等细节。现在售卖的是第三次改良后的版本。之前的版本，用荧光笔在内页标记时颜色会透到背面，很多学生反馈了这个问题。当时的研发部部长，特意征求女儿和她的朋友们的意见，并一起探讨，最后研发出了现在的纸张。这款笔记本封面的纸张也很特殊，是融入了以前制作信封纸材料的特制牛皮纸。这种独特又兼具高性能的笔记本，不愧是无印良品文具的代表之作。

五种 MUJI 原创的颜色，展现独一无二的风格。

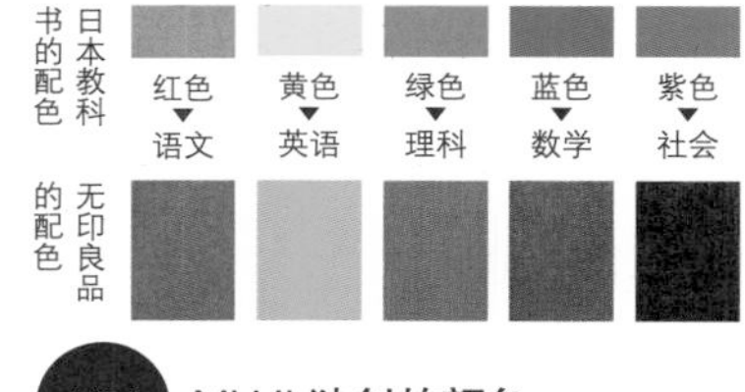

侧面 MUJI 独创的颜色

这款笔记本的配色与一般的教科书配色大相径庭，看起来非常特别。关于这个配色的由来，有一种说法是参考了日本歌舞伎的传统配色，但实际情况到底如何，已不得而知了。

UP

较窄

较宽

封面 大有玄机的牛皮纸封面

其他品牌的笔记本

无印良品的笔记本

这款牛皮纸封面看似普通，其实大有玄机。为了与其他商品风格一致，制作牛皮纸时加入了制作旧信封等纸张的材料，经过不断调整，才研发出现在的颜色。颜色偏红、质地细腻是这款牛皮纸的最大特征。

这款笔记本最耐人寻味的地方，是侧面的配色。究竟是如何确定这五种颜色的，无印良品内部竟然没人知道。有一种说法是，当时参考了日本歌舞伎的传统配色，不过这也只是猜测而已。留下这种像都市传说一样的谜团，也从侧面证明了无印良品研发文具时间之久。这款笔记本正反面差不多，而且内页的上下留白也完全相

无印良品的笔记本

其他品牌的笔记本

线的颜色 比一般笔记本略浅一些

复印时，本子上的横线会显得很碍事，所以设计人员特意将横线颜色调浅，这样就不会印出来了。不过，现在的复印机精度大大提高，所以还是会印出横线。

纸质 不用担心透到背面

荧光笔是学生们最常用的文具之一，但颜色却很容易透到纸背面。如何做到完全不透，成了无印良品急需解决的课题。经过长时间的研究，无印良品在2013年推出了改良版，就是这款“不会透的笔记本”。

纸张颜色 不伤眼睛的米白色

这款笔记本的颜色并不是很白。据说是因为纯白色太刺眼，所以特意调成了柔和的米白色。

同，从哪面开始使用都没问题。但为了将正反两面区分开，还是设计了一个小细节，就是侧面带颜色部分的宽窄。侧面带颜色的部分，看起来差不多，其实是一面宽一面窄的。我用笔记本时，喜欢同时从前后开始使用，所以很喜欢这种设计。我从中学时代就开始用这款笔记本了，不过当时并没有理解这样设计的用意。

No.06

规格 / 长 190mm× 厚 4mm× 高 30mm
上市时间 /2017 年 10 月

磁条

bar magnet

这款磁条貌不惊人，却很受欢迎，据说每周都能卖出 3000 个。从表面上看，它只是一个能贴在冰箱或白板上的磁条，但其实，它真正的卖点是位于上部的凹槽。人们可以在凹槽上挂一些小东西（如笔筒等），这样用法就多了起来。

不过，最有趣的是磁条诞生的过程。当时无印良品的总部正在装修，为了方便搬家，研发人员就设计了一款带提手的文件箱。然后，又做了一些挂在上面的小收纳盒。最后，为了把小收纳盒挂到白板上，于是设计了这款磁条。没想到，这个看似简单的小物件，诞生过程如此曲折。研发的具体过程，在下面会为大家详细介绍。

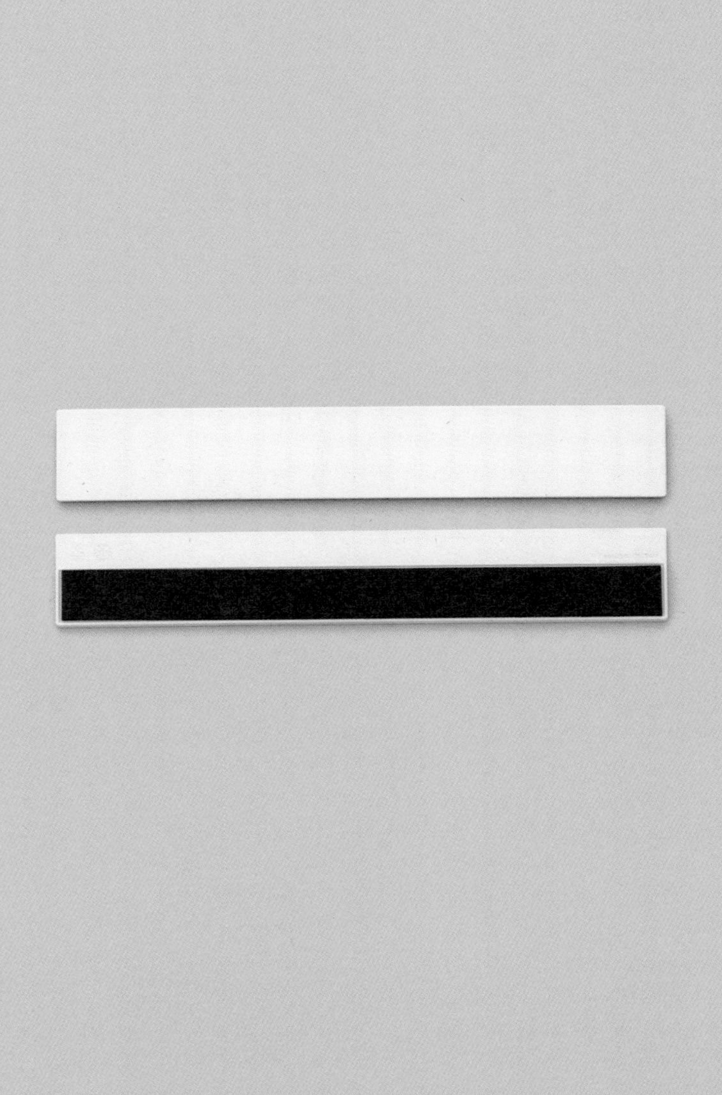

在追求方便的理念中诞生的磁条。

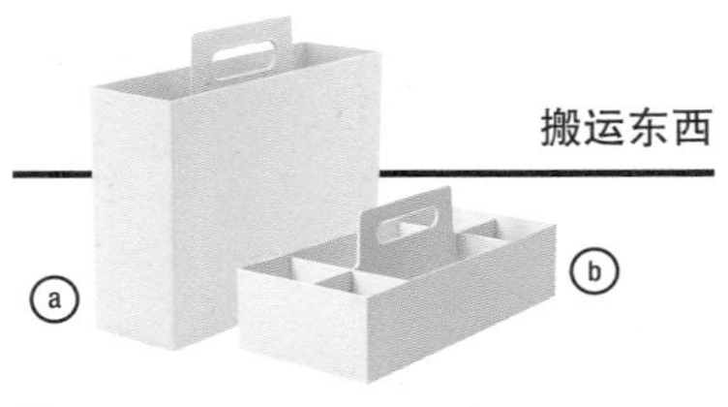

ⓐ 聚丙烯附提手文件盒
标准型 · 灰白
长 32cm × 厚 10cm × 高 28.5cm

ⓑ 聚丙烯手提箱
宽型 · 灰白
长 32cm × 厚 15cm × 高 8cm

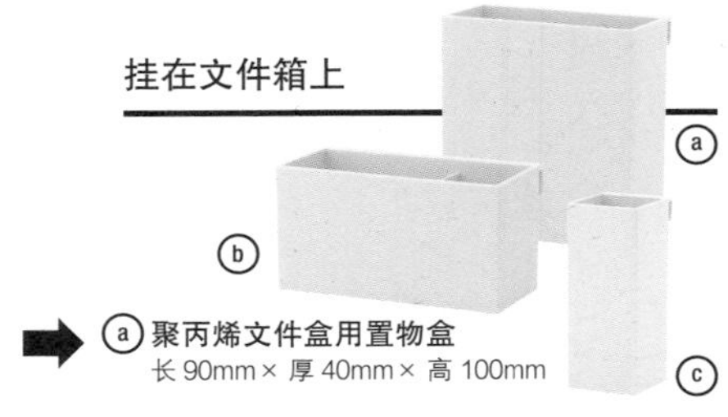

ⓐ 聚丙烯文件盒用置物盒
长 90mm × 厚 40mm × 高 100mm

ⓑ 聚丙烯文件盒用分隔置物盒
长 90mm × 厚 40mm × 高 50mm

ⓒ 聚丙烯文件盒用笔盒
长 40mm × 厚 40mm × 高 100mm

这款文件箱是在无印良品总部装修时获得灵感应运而生的。当时的想法只是“设计一些公司内部需要的东西”。

搬运文件时还需要带一些笔、尺子类的小文具，于是研发人员就设计了这一系列挂在文件箱上的收纳盒。

最先设计出的是带提手的文件盒，主要用于搬运文件或准备开会资料。后来，又设计出了挂在文件盒上的小收纳盒。这个设计很实用，因为在开会时经常会用到笔、尺子之类的小文具。

到这里，这一系列为便利而开展的产品研发工作还未结束。他们在开会时联想到了白板，将收纳盒贴到白板上的想法就这样变成了现实。刚开始，设计人员想在收纳盒背后加上磁条，但考虑到有人会单独使用收纳盒，磁条就成了多余的东西，经过长时间的研究和摸索，最后设计出这款带凹槽的磁条。

贴到白板上

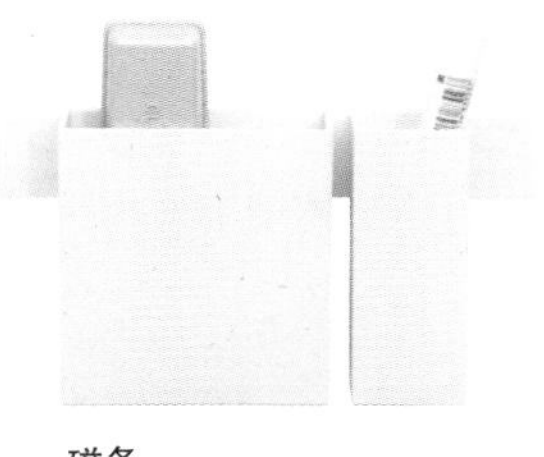

磁条
长 190mm × 厚 4mm × 高 30mm

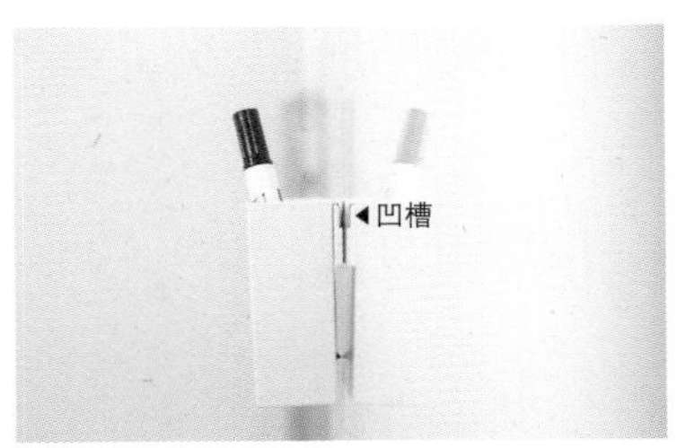

磁铁位于下半部分，上半部分有一个凹槽，正好可以挂上各种收纳盒。磁条越厚，凹槽就越大，大到一定程度就挂不住东西了，所以磁条越薄越好。

夹住纸张

按住上部，下面带磁铁的部分就会自然翘起，可以塞入纸张。磁铁长约 19cm，正好能夹住 A4 尺寸的纸。不过这个尺寸并非刻意设计，而是无心之举。

这款磁条不但能用来挂收纳盒，还可以夹住纸张。有趣的是，当时无心的设计，却产生了意想不到的效果。比如上面的凹槽，本来是挂东西用的，但按住凹槽会使下方翘起，这样夹纸的时候就会方便很多。还有磁条的长度，当时是按照两个笔筒的大小设计的，没想到这个尺寸用来夹 A4 纸正合适。这些人性化的小细节，使这款看似普通的磁条变成了充满亮点的办公文具。

No.07

规格 /A3・5 人用
上市时间 /2007 年 10 月

蔗渣浆纸家庭日历

family calendar

这款家庭日历也是一款很有意思的文具。日期后的日程栏平均分成了五份，可以让五个人同时记录日程。有了这款日历，家庭成员的安排一目了然。如果想在周末安排活动，可以直接通过日历确认每个人是否都有空。最近，很多品牌都推出了类似的日历，那么你可能会问："最先想出这个创意的究竟是谁呢？"答案就是无印良品。据说，当时设计的初衷是让身为"家庭总管"的母亲能更方便地了解每个人的日程安排。上市初期，研发人员也不能确定这款日历是否有市场，但后来，它竟然成了无印良品日历产品中最畅销的。据研发人员说，之所以会将日程栏分成五等份，是因为日本家庭一般最多有五人。

2018

4

3

M	T	W	T	F	S	S
			1	2	3	4
5	6	7	8	9	10	11
12	13	14	15	16	17	18
19	20	21	22	23	24	25
26	27	28	29	30	31	

5

M	T	W	T	F	S	S
	1	2	3	4	5	6
7	8	9	10	11	12	13
14	15	16	17	18	19	20
21	22	23	24	25	26	27
28	29	30	31			

1 SUN					
2 MON					
3 TUE					
4 WED					
5 THU					
6 FRI					
7 SAT					
8 SUN					
9 MON					
10 TUE					
11 WED					
12 THU					
13 FRI					
14 SAT					
15 SUN					
16 MON					
17 TUE					
18 WED					
19 THU					
20 FRI					
21 SAT					
22 SUN					
23 MON					
24 TUE					
25 WED					
26 THU					
27 FRI					
28 SAT					
29 SUN					
30 MON					

日历的核心功能，渐渐从『查看』转变成『记录』。

日历本来是确定日期用的，但随着时间的推移，它渐渐变成了记录日程的工具。这一点大家一定都深有体会。大家可以看一看本页的图片，它们都是无印良品发售过的日历。日历设计上的改变，体现了人们需求的变化。早期的日历，比较重视日期的清晰度，主要是为了方便人们查看。而后期则增加了很多留白，为的是让使用者记录。

再生纸牛皮纸台历・中
※ 只在特定时间发售
无印良品纸质文具，大部分都采用了再生纸和牛皮纸。这两种纸颜色复古，放在房间里看上去很舒服。不过，由于纸张颜色较深，上面的字可能不容易看清。

再生纸黑底日历
2011 年 10 月发售
※ 现在已停止销售。这是最重视日期清晰度的一款日历。黑底白字的设计，使日期更加一目了然。

做记录

蔗渣浆纸日历・大
2001 年 11 月发售
这是无印良品最经典的日历，每年都会发售。它的整体面积较大，每个日期下都有留白，供人们做记录用。

家庭日历的一周是从周一开始的，这个设计很有意思，因为日本的其他日历基本都是从周日开始的。据说，这种方式是从其他国家学来的。实际上，日本的很多手账中的日期也都是从周一开始的，这样设计确实比较实用。

蔗渣浆纸家庭日历
2007 年 10 月发售

从周一开始

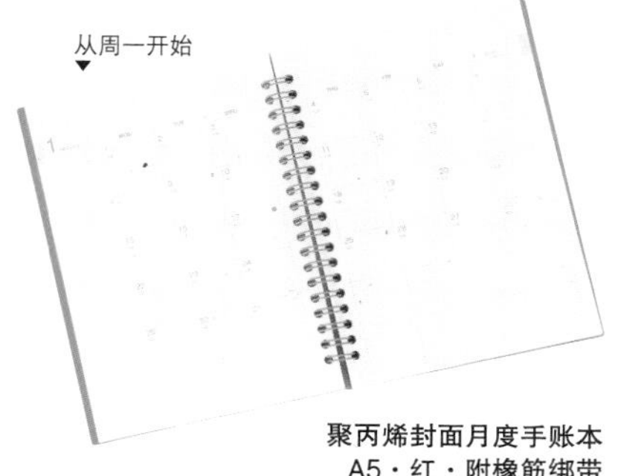

聚丙烯封面月度手账本
A5・红・附橡筋绑带

日期很清晰

蔗渣浆纸日历・迷你

设计 每周从周一开始

日本的日历一般都是从周日开始的，但这款家庭日历却跟手账一样，是从周一开始的（周日和周一之间的线比其他线粗一些，起到区分作用）。另外，无印良品最畅销的手账也是从周一开始的。

纸质 使用很白的蔗渣浆纸

蔗渣浆纸是用制作砂糖时废弃的甘蔗渣做成的。它的颜色很白，日期印在上面非常明显，从很远的地方也能看清。无印良品的其他日历，也使用了蔗渣浆纸。

2018

2

1						
M	T	W	T	F	S	S
1	2	3	4	5	6	7
8	9	10	11	12	13	14
15	16	17	18	19	20	21
22	23	24	25	26	27	28
29	30	31				

3						
M	T	W	T	F	S	S
			1	2	3	4
5	6	7	8	9	10	11
12	13	14	15	16	17	18
19	20	21	22	23	24	25
26	27	28	29	30	31	

	おとうさん	おかあさん	よしお	まりこ	おばあちゃん
1 THU				16:30～ピアノのレッスン	
2 FRI	19:00～会社の飲み会				
3 SAT		14:00～ヨガ教室	友達と映画	土曜授業	
4 SUN					
5 MON		15:00～PTA			
6 TUE	↑			遠足(お弁当)	
7 WED	大阪へ出張				11:00～絵手紙教室
8 THU	↓			16:30～ピアノのレッスン	
9 FRI					14:00～美容院
10 SAT		14:00～ヨガ教室		土曜授業	
11 SUN	ゴルフ				
12 MON			野球部の試合		
13 TUE					16:30～歌舞伎
14 WED	バレンタインデー♥		バレンタインデー♥		11:00～絵手紙教室
15 THU				16:30～ピアノのレッスン	
16 FRI					お誕生日
17 SAT		14:00～ヨガ教室			
18 SUN			英検 2次試験		
19 MON		同級生とお茶会			
20 TUE					

设计 可以供五个人填写日程

“周末大家都有空吗”，看一眼这个日历就知道了。

No.08

规格 /12 位・铝制（BO-192）
上市时间 /2000 年之前

电子计算器

calculator

这款电子计算器让人很有购买的欲望。计算器对我来说只是个工具，平时基本不会特别留意。这么轻易地被它吸引，主要是因为这款计算器按键的手感太好了。嘴上说着对计算器不感兴趣，但其实我家里的计算器有不下二十个，每个计算器的手感都完全不同，因为按键本身的材质、高度、形状各异，这一点跟电脑的键盘差不多。无印良品的这款计算器，按键有一定的高度，使用时需要用力按下去。这种触感很真实，我很喜欢。如今，智能手机已经非常普及了，很多人觉得："既然有手机了，还需要再买计算器吗？"我认为计算器是专门为了计算而设计的，用起来肯定更顺手一些。

GT • AC
F 3 2 1 0 A
5/4
RATE SET
+TAX
RATE CHECK
−TAX
GT
CA
ON
CM
RM
M−
M+
C·CE
7
8
9
%
4
5
6
1
2
3
RESUME
0
00

虽然价格略高
但手感和细节都非常棒。

p38 介绍的计算器是最先推出的款式，后来研发人员觉得 2000 日元的售价偏高，就又设计了一款售价为 1000 日元的计算器。这两款计算器的位数和大小都完全相同，唯一的区别是材质。2000 日元的计算器的外壳是铝，1000 日元的则是塑料。如果是家用，人们通常会购买 1000 日元这款。2000 日元那款的受众群体主要是商店的店员或工作中经常需要计算的人。对销售人员来说，计算器也必不可少，因为除了计算，销售人员还会用它向顾客展示价格。考虑到这一点，研发人员在设计计算器时十分重视显示屏的清晰度。近年来，无印良品相继推出了很多款计算器，有单手可以操作的迷你款，还有放在桌子上使用的大型计算器。值得注意的是，这两种计算器不但大小不同，上面按键的排列方式也有所不同，主要目的是让人们用起来更顺手，这个细节很人性化。

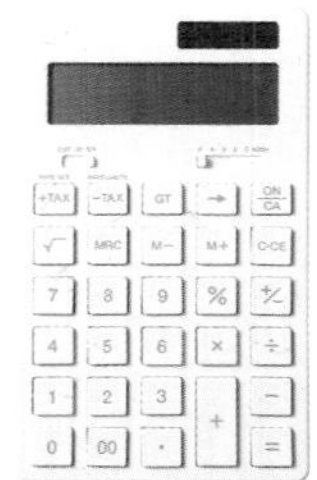

电子计算器 12 位
售价 1000 日元（含税）

研发人员为自己设计的特制计算器。是用铝外壳与黑色的按键组合而成的，看起来很帅气！
售价 2000 日元（含税）

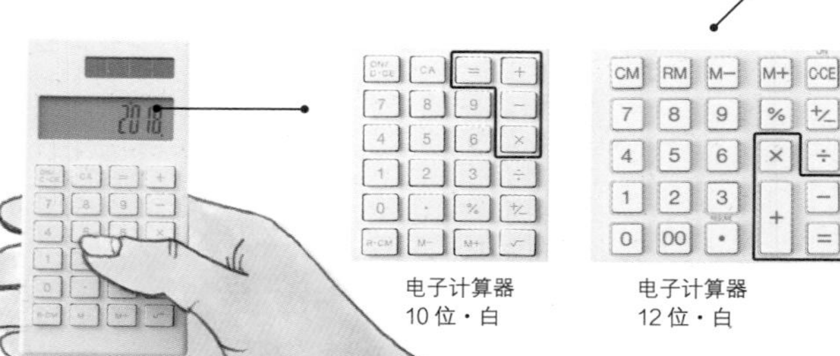

电子计算器
10 位・白

电子计算器
12 位・白

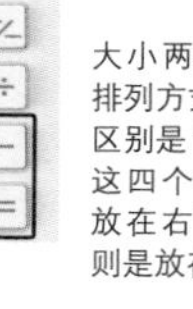

大小两款计算器的按键排列方式有所不同。主要区别是“=”“+”“−”“×”这四个键，大型计算器放在右下角，而迷你款则是放在右上角。

2000 日元计算器的发展史（外观变化）

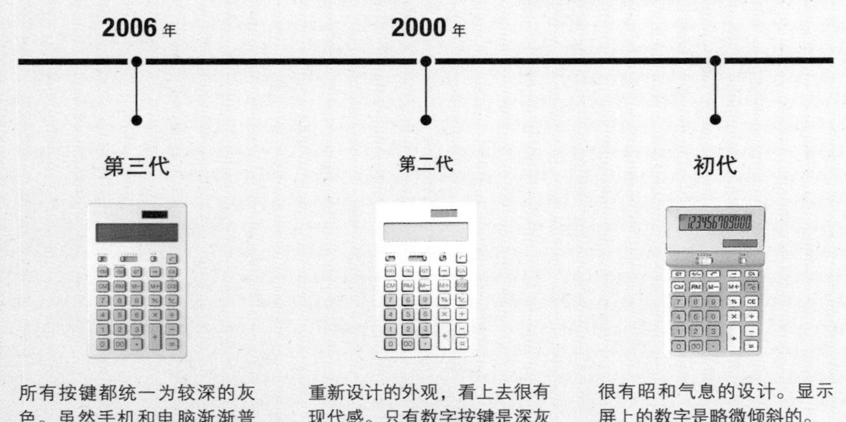

所有按键都统一为较深的灰色。虽然手机和电脑渐渐普及，但这款计算器的销量却未下滑。

重新设计的外观，看上去很有现代感。只有数字按键是深灰色，其余按键均为银灰色。

很有昭和气息的设计。显示屏上的数字是略微倾斜的。

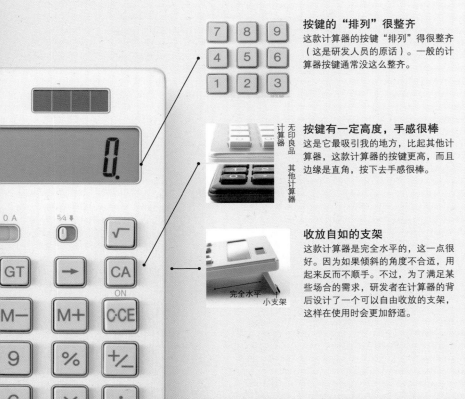

按键的“排列”很整齐

这款计算器的按键“排列”得很整齐（这是研发人员的原话）。一般的计算器按键通常没这么整齐。

无印良品计算器

其他计算器

按键有一定高度，手感很棒

这是它最吸引我的地方，比起其他计算器，这款计算器的按键更高，而且边缘是直角，按下去手感很棒。

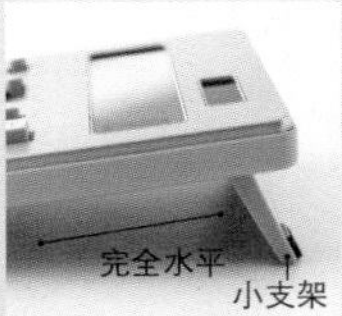

完全水平

小支架

收放自如的支架

这款计算器是完全水平的，这一点很好。因为如果倾斜的角度不合适，用起来反而不顺手。不过，为了满足某些场合的需求，研发者在计算器的背后设计了一个可以自由收放的支架，这样在使用时会更加舒适。

No.09

规格 / 长 15.5cm× 宽 5cm× 高 8.5cm
上市时间 /2017 年 11 月

ABS 树脂 胶带座

tape dispenser

这款胶带座最让我中意的地方，是它的外形与包装。我以前在杂货店从事过销售工作，经常跟库房打交道，所以很清楚商品包装的重要性。这款胶带座外形方方正正，可以摆放得很紧凑，无形中节省了不少空间。除此之外，它的很多细节也值得称道。比如，让胶带更容易拉出且在拉时胶带座稳定的设计。看似简单的外形，其实是经过反复试验研发出的。下面就为大家详细介绍一下这款胶带座的诞生过程。

颠覆常识的胶带座！

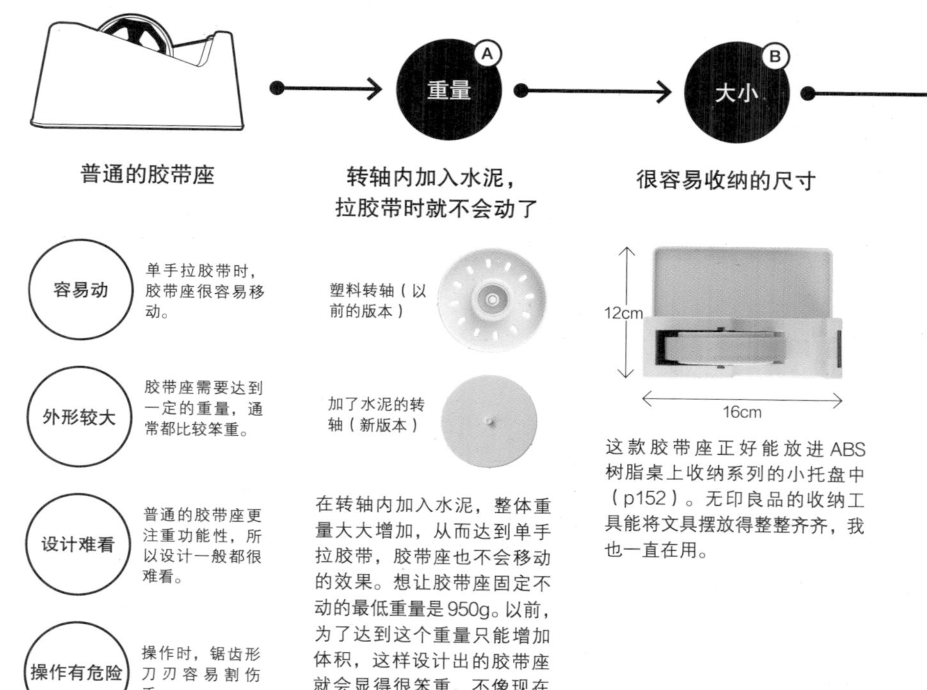

重量
A
大小
B
普通的胶带座
转轴内加入水泥，
拉胶带时就不会动了
很容易收纳的尺寸
容易动
单手拉胶带时，胶带座很容易移动。
外形较大
胶带座需要达到一定的重量，通常都比较笨重。
设计难看
普通的胶带座更注重功能性，所以设计一般都很难看。
操作有危险
操作时，锯齿形刀刃容易割伤手。
塑料转轴（以前的版本）
加了水泥的转轴（新版本）
12cm
16cm

在转轴内加入水泥，整体重量大大增加，从而达到单手拉胶带，胶带座也不会移动的效果。想让胶带座固定不动的最低重量是950g。以前，为了达到这个重量只能增加体积，这样设计出的胶带座就会显得很笨重，不像现在这款胶带座般小巧可爱。

这款胶带座正好能放进ABS树脂桌上收纳系列的小托盘中（p152）。无印良品的收纳工具能将文具摆放得整整齐齐，我也一直在用。

以前，办公室一直使用看起来很笨重的昭和风胶带座。后来，无印良品内部有人提议“设计一款不同外形的胶带座吧”，于是就开始了这款胶带座的研发工作。虽然昭和风的胶带座也有蠢萌的一面，但还是跟现代办公室的风格不太搭。这款胶带座简洁小巧，很符合现代办公室的风格。其实，“变得简洁小巧”说起来容易，研发时却花费了很多心血。

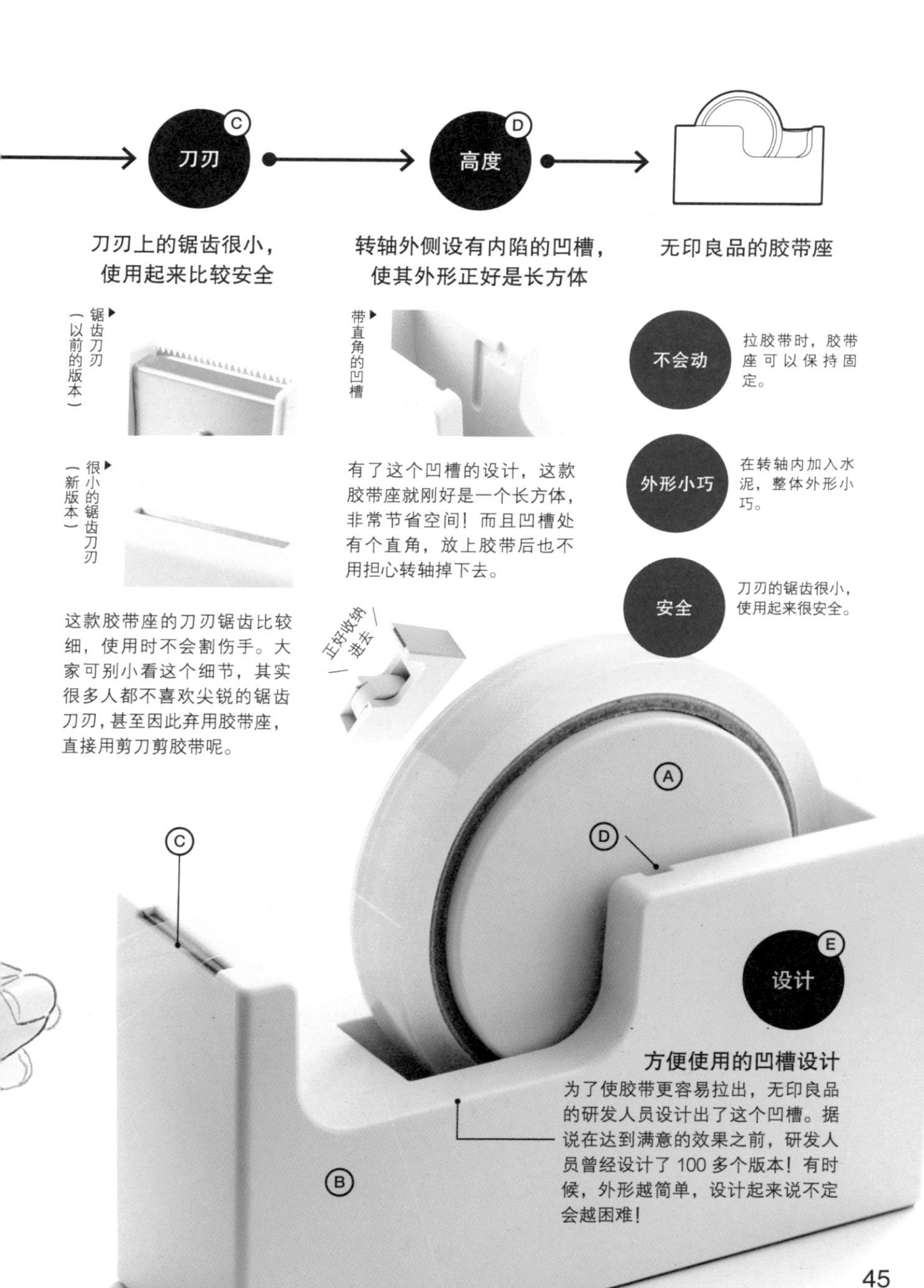

刀刃上的锯齿很小，使用起来比较安全

这款胶带座的刀刃锯齿比较细，使用时不会割伤手。大家可别小看这个细节，其实很多人都不喜欢尖锐的锯齿刀刃，甚至因此弃用胶带座，直接用剪刀剪胶带呢。

转轴外侧设有内陷的凹槽，使其外形正好是长方体

有了这个凹槽的设计，这款胶带座就刚好是一个长方体，非常节省空间！而且凹槽处有个直角，放上胶带后也不用担心转轴掉下去。

无印良品的胶带座

不会动：拉胶带时，胶带座可以保持固定。

外形小巧：在转轴内加入水泥，整体外形小巧。

安全：刀刃的锯齿很小，使用起来很安全。

方便使用的凹槽设计

为了使胶带更容易拉出，无印良品的研发人员设计出了这个凹槽。据说在达到满意的效果之前，研发人员曾经设计了 100 多个版本！有时候，外形越简单，设计起来说不定会越困难！

No.10

规格 / 红、黄、蓝、灰、绿
上市时间 /2008 年 9 月

可贴式书签绳・五色入

bookmark seals

这款书签绳附有一个圆形贴纸，可以贴到没有书签的本子上。虽然整体设计简单，却很少见到其他品牌推出类似的产品。它很受手账爱好者的欢迎。有一个小细节大家可能不知道，日本的书签绳使用的绳子是特制的，它属于“文具辅料”，在普通的缝纫用品店根本买不到，文具店也不单卖绳子。因此，这款商品难能可贵。我一般会把它贴到没有书签的手账上，在稍微厚一点的笔记本中也会用到。当然，你也可以选择普通的纸质书签，不过纸质书签很容易遗失，还是贴到本子上的书签绳比较让人安心。而且，贴了书签绳的本子看起来像真正的书一样，显得很有气场。

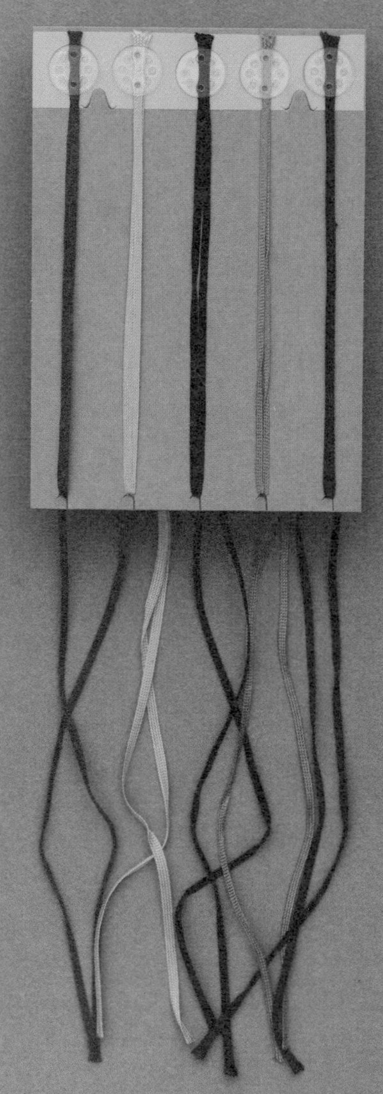

可以自己 DIY，贴到想用的本子上，用起来很方便。

这款书签绳的诞生过程是这样的：在 2000 年前后的一段时间，无印良品的笔记本销量下滑，当时负责商品研发的人提议做一款带书签的笔记本，但上司却以“一般的笔记本用不到书签”为由，否决了这个提案。后来，研发部的人转换思路，提议制作一款单独的书签绳，于是这款可贴式书签绳诞生了。每个书签上有两根绳子，是参考了日程本书签绳的设计。前文也提到了，市面上很少有单卖书签绳的，无印良品的这款书签绳可以直接贴到本子上，不论创意还是设计都无懈可击。让我觉得更有意思的是这款书签绳的名字，它的日文名称是“书签贴纸”，听起来好像主体并非书签，而是贴纸。不过，为了让大家更清楚地了解它的用途，中文名称就翻译成了“可贴式书签绳”。

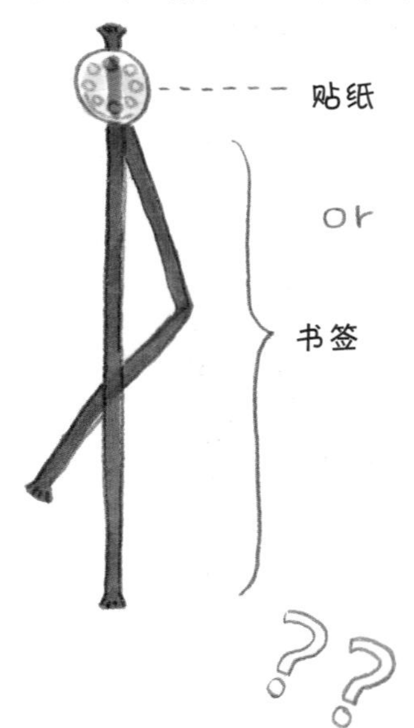

最适合 B5 尺寸的笔记本

这款书签绳最适合 B5 尺寸的笔记本，贴上后下面会露出 3cm 左右。如果是贴在比较小的笔记本上，可以将书签绳适当剪短一些。

贴在书脊上

一般情况下，这款书签绳贴在本子的侧面，也就是书脊的位置上。但如果本子太薄，也可以贴在封面或封底上。

跟原浆纸笔记本・五册组的配色相同

这款书签绳的颜色，跟前文提到的“原浆纸笔记本・五册组”（p26）配色相同，你发现了吗?

没有书脊的本子也可以使用

如果是没有书脊的本子，比如线圈本，可以直接贴到封面上。在没有书脊的本子上加书签绳，看起来也很与众不同。

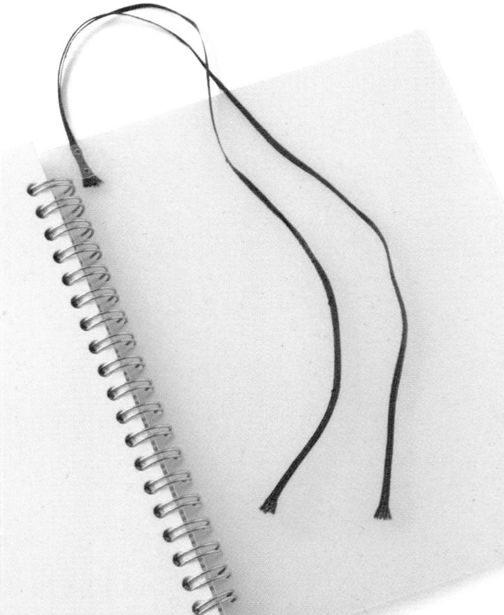

黄

红

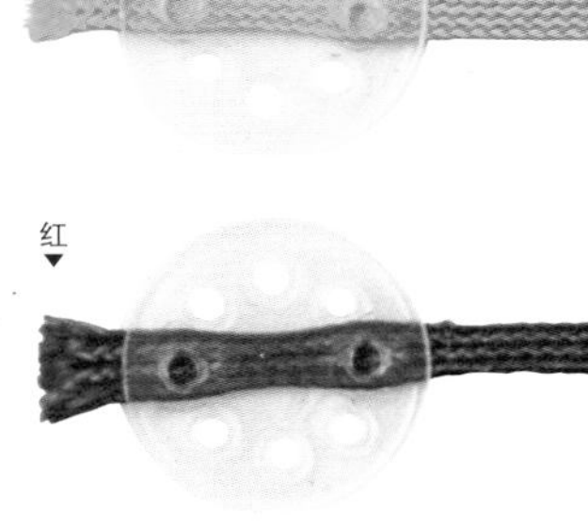

绿

灰

蓝

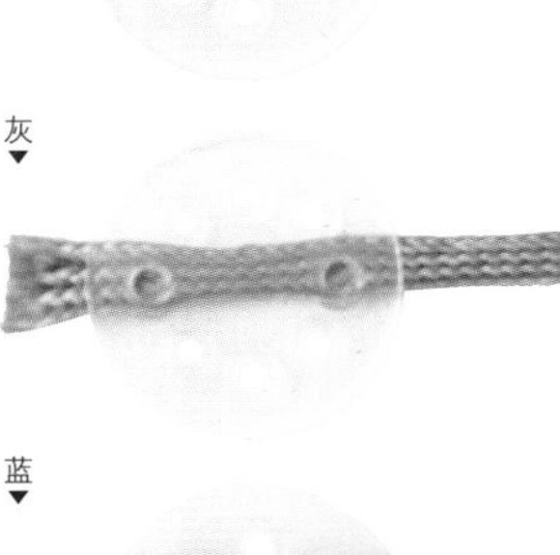

No.11

规格 / 长约 13cm
上市时间 /2014 年 7 月

左撇子用起来也很方便的美工刀

cutter for both handed

如今，左撇子越来越多，左撇子专用的文具也渐渐增多，在美工刀上也有了这样的需求。一般的美工刀，刀刃方向都是按照惯用右手的人的使用习惯设计的，左撇子用起来很不方便。所以，无印良品就推出了这款左撇子用起来也很方便的美工刀。这款美工刀真正的厉害之处在于，它不是左撇子专用，而是左右两手都能使用的。由于刀片的新特性，因此在使用时可以根据使用习惯任意改变方向，这个设计真是太棒了！不过，这款美工刀值得称道的地方不止这一处，它还有很多细节上的创新。如果只是改变方向，也很容易产生其他问题。

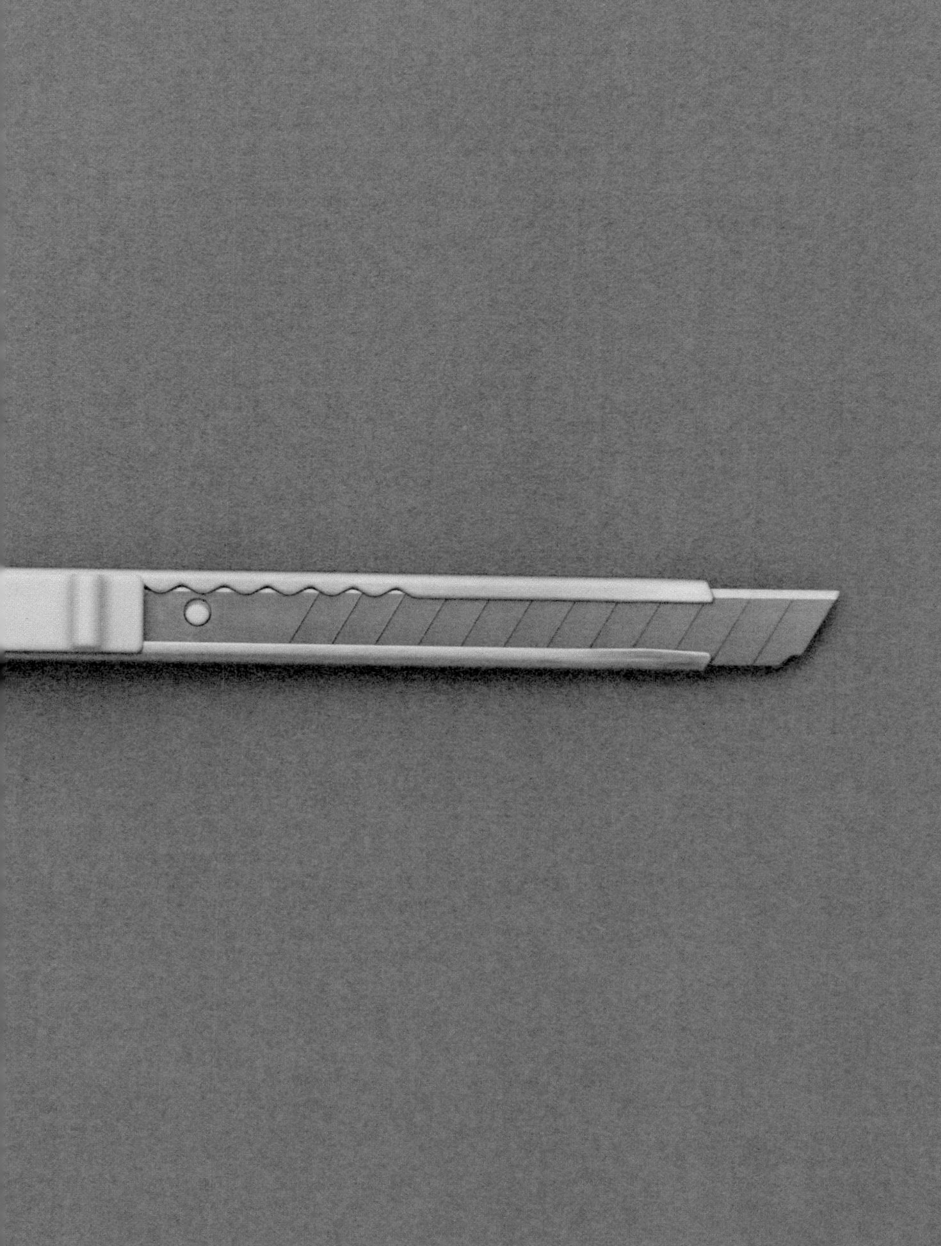

惯用右手的人使用的美工刀

以前，无印良品只有惯用右手的人使用的美工刀。

请设计一款左撇子也能使用的美工刀！

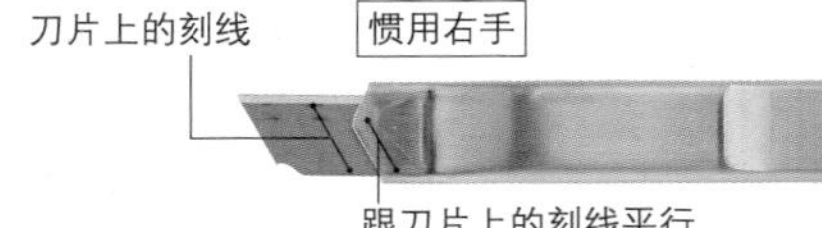

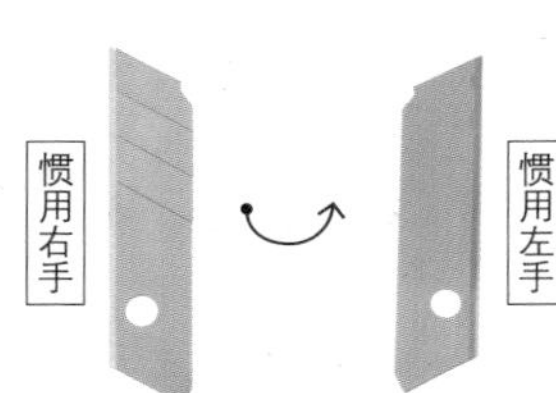

改变刀刃的方向

有顾客提出建议后，无印良品就开始设计便于左撇子使用的美工刀。后来，他们想出了可以随意改变方向的设计，来适应不同惯用手的使用习惯。

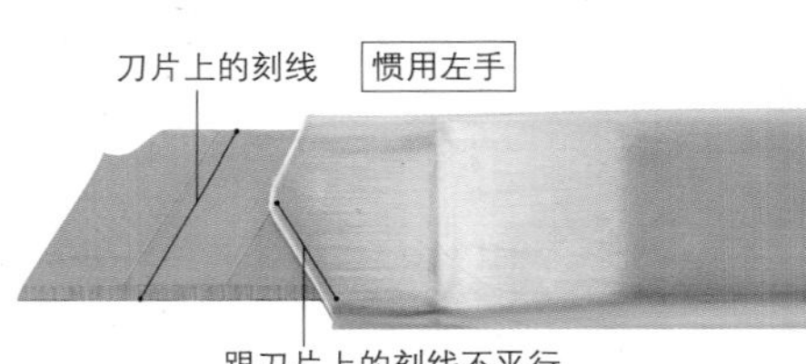

刀片跟主体不匹配

如果只是改变刀刃方向，刀片上的刻线就与刀口不平行，想折断刀片时就麻烦了。

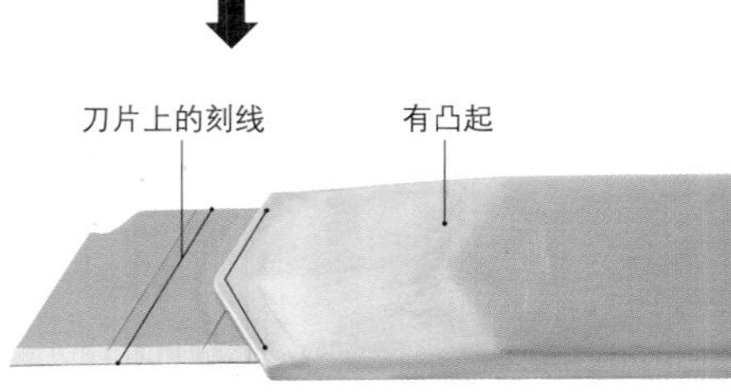

改变主体的形状

无印良品改进了美工刀主体的形状，保证无论刀刃朝哪边，刻线都能与刀口平行。刀口后方还加了一个凸起的设计，这样刀的强度也大大提升。

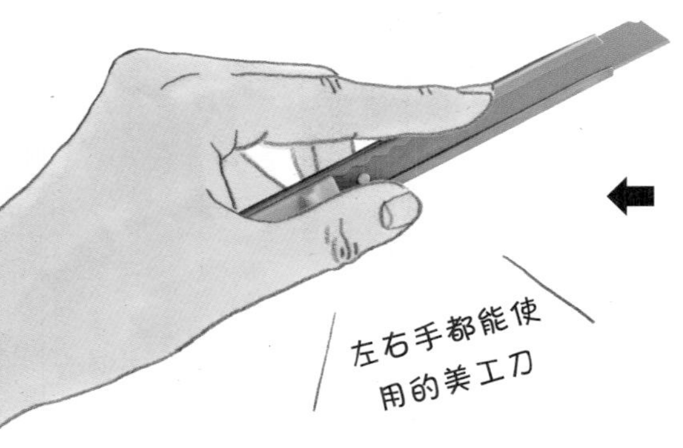

不只适合左手，左右手使用都很方便。

想做一款左撇子也能使用的美工刀，只改变刀刃方向是不够的。因为很多人会用按压刀口的方式来折断刀片，而改变刀刃方向会导致刻线与刀口不平行，就无法折断刀片。

除此之外，这款美工刀尾部的折刀器设计也很新颖。一般的折刀器都是与刀片刻线平行的，它的折刀器却与刀片刻线垂直。与刀片刻线平行的折刀器还是存在左右手使用不便的问题，而垂直就完美地解决了这个问题。这个人性化的小细节，很符合无印良品的设计风格。不过，最近很多人觉得用自带的折刀器折断刀片很危险，因此更倾向于选用专用的折刀器。

▲正面　▲背面

▲正面　▲背面

不锈钢美工刀・迷你

很受文具爱好者欢迎的迷你美工刀。人们一般都将它放到铅笔盒里随身携带，很方便。

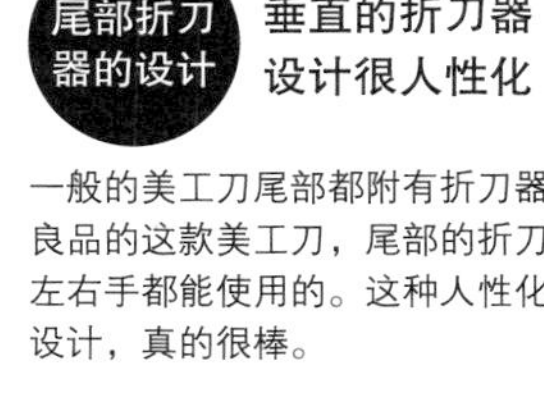

尾部折刀器的设计 **垂直的折刀器设计很人性化**

一般的美工刀尾部都附有折刀器，无印良品的这款美工刀，尾部的折刀器也是左右手都能使用的。这种人性化的细节设计，真的很棒。

垂直

◀无印良品的美工刀

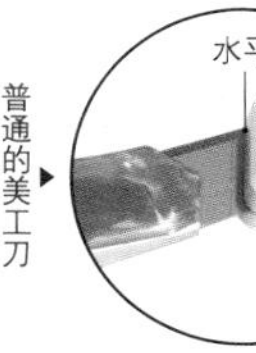

No.12

规格 /A5・32 页
上市时间 /2012 年 10 月

再生纸笔记本・月计划

sustainable notebook

以前从事文具销售工作时，一直觉得手账是一种会让人感觉到惋惜的文具，因为到了一定的季节或时期，它就会面临打折甚至被丢弃的命运。比如到了4月，新手账上市后，日期从1月开始的手账就必须打折处理。再过一段时间，这个过期的手账就彻底失去了价值，只能被丢弃。每次看到打折或废弃的手账，我心里都会觉得“真是太可惜了”。怎样才能避免这种情况呢？这款不带日期的月计划笔记本，就能很好地解决这个问题。使用者可以根据需求自行填日期，无论从什么季节、日期开始都可以，甚至可以跳过某些月份。

MONTH
MON
TUE
WED
THU
FRI
SAT
SUN

1980年左右，日本掀起了一股System手账热潮。System手账由月计划、周计划、地址簿、便笺、地图、垫板等组成，可谓包罗万象。当时，很多人都被System手账吸引，加入到手账爱好者的大军中。无印良品也推出了很多System手账相关产品，其中有一款双孔的“再生纸System笔记本”，是这款月计划笔记本的雏形。除月计划外，System笔记本还有方格、地址簿、横线等多种形式，不过最常用的还是月计划。后来，随着时间推移，System手账的热潮慢慢消退，很多人开始单独使用月计划。为了应对这种需求，无印良品就推出了这款笔记本形式的月计划，同时还有周计划和家计簿。这三款笔记本，现在都在热销中。

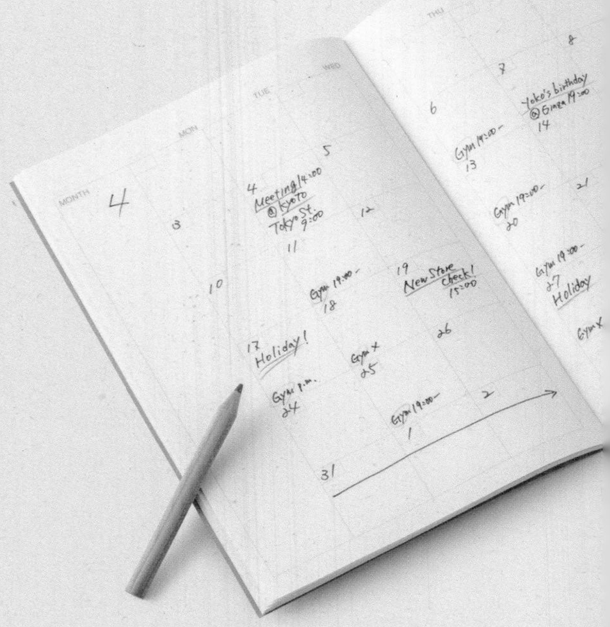

再生纸笔记本·月计划
A5·32页

再生纸笔记本·周计划
A5·32页

再生纸笔记本·家计簿
A5·32页

最初是双孔设计

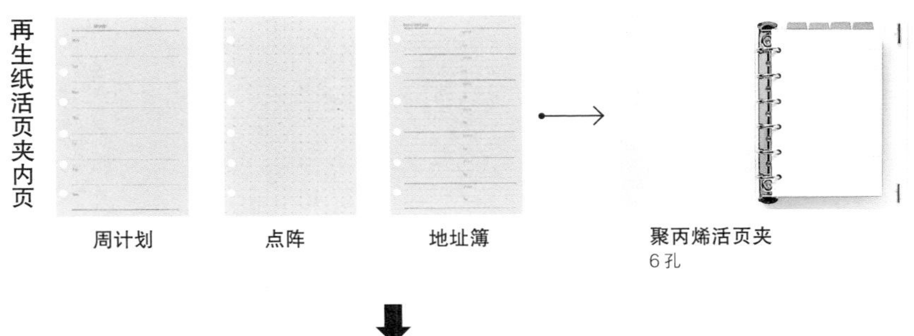

笔记本也能放入活页夹中吗?

再生纸System笔记本

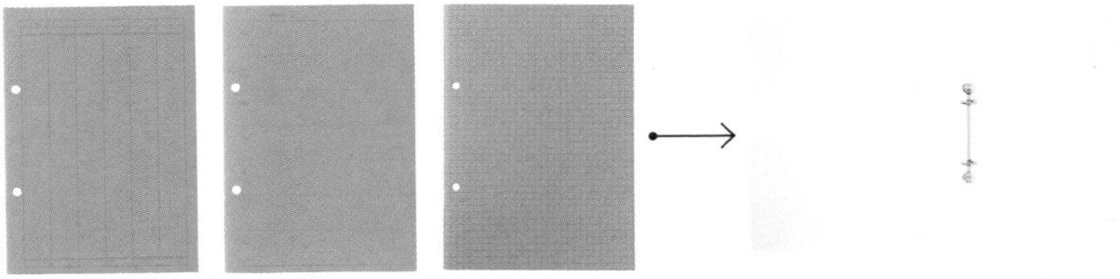

纵向时间轴

周计划

方格

聚丙烯活页夹（环式）
A5・2孔

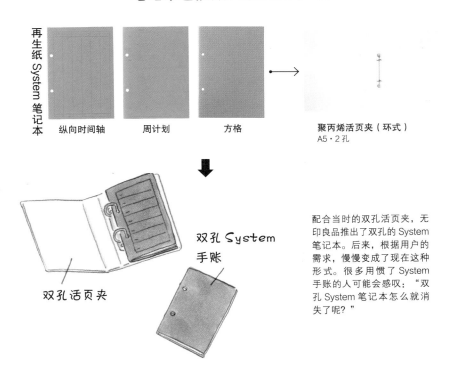

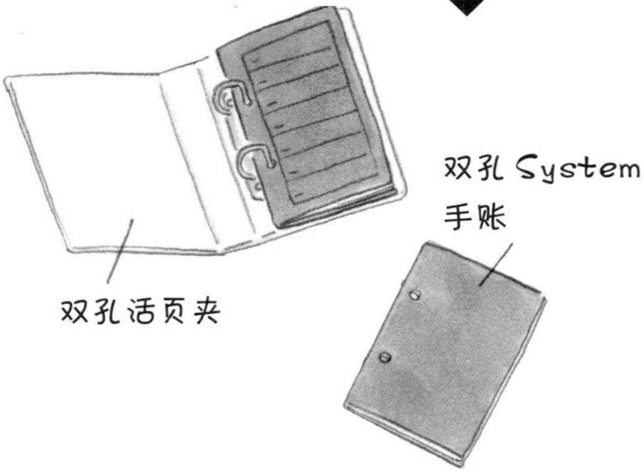

双孔System手账

双孔活页夹

配合当时的双孔活页夹，无印良品推出了双孔的System笔记本。后来，根据用户的需求，慢慢变成了现在这种形式。很多用惯了System手账的人可能会感叹：“双孔System笔记本怎么就消失了呢？”

Chap.1 /

No.13

规格 /0.38mm 10 色
0.5mm 10 色
0.7mm 4 色
上市时间 /1998 年

凝胶中性墨水圆珠笔

gel ink ball-point pen

这款凝胶墨水圆珠笔是 1998 年上市的，多年来一直很畅销，是无印良品的代表文具之一。一提到无印良品的文具，很多人第一个想到的就是它。除了日本，这款笔在其他国家也很受欢迎，甚至出现了很多模仿它的产品。另外据说，在亚洲某个国家的某所学校，老师会给成绩优秀的学生发放这款笔，以示奖励。孩子拿到笔之后非常开心，到处跟人炫耀：“我得到了这支笔哦！”“作为奖励”也是一种很好的宣传，同时，也能从侧面看出这款笔有多受欢迎。目前在售的凝胶中性墨水圆珠笔是第三版，改版过程中发生了很多有趣的故事，让我们一起来看一看吧。

全世界的无印良品粉丝都钟爱的畅销文具。

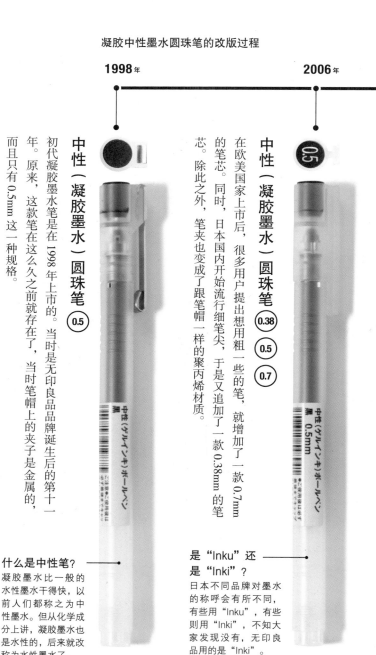

凝胶中性墨水圆珠笔的改版过程

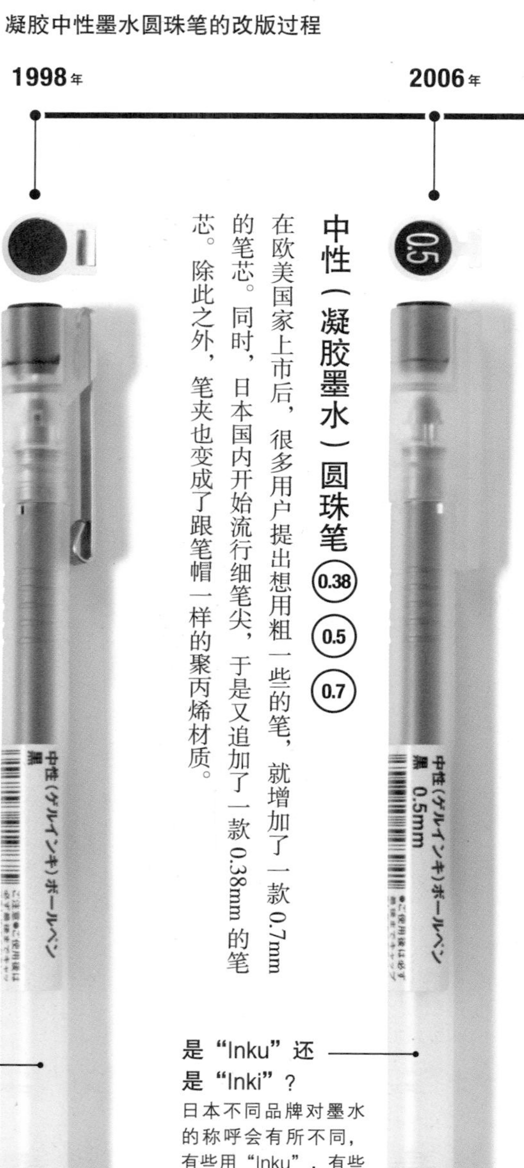

1998年

中性（凝胶墨水）圆珠笔 0.5

初代凝胶墨水笔是在1998年上市的。当时是无印良品品牌诞生后的第十一年。原来，这款笔在这么久之前就存在了，当时笔帽上的夹子是金属的，而且只有0.5mm这一种规格。

什么是中性笔？

凝胶墨水比一般的水性墨水干得快，以前人们都称之为中性墨水。但从化学成分上讲，凝胶墨水也是水性的，后来就改称为水性墨水了。

2006年

中性（凝胶墨水）圆珠笔 0.38 0.5 0.7

在欧美国家上市后，很多用户提出想用粗一些的笔，就增加了一款0.7mm的笔芯。同时，日本国内开始流行细笔尖，于是又追加了一款0.38mm的笔芯。除此之外，笔夹也变成了跟笔帽一样的聚丙烯材质。

是“Inku”还是“Inki”？

日本不同品牌对墨水的称呼会有所不同，有些用“Inku”，有些则用“Inki”，不知大家发现没有，无印良品用的是“Inki”。

凝胶中性墨水圆珠笔 (0.38) (0.5) (0.7)

外形变得更加简洁清爽。墨水的配方有所变化，写字的感觉也不一样了。颜色增加至 10 种（0.7mm 是 4 种）。目前最受欢迎的是黑色、红色、蓝色和蓝黑色。

0.5 黑	0.5 红
0.5 蓝	0.5 橙
0.5 绿	0.5 粉
0.5 黄绿	0.5 天蓝
0.5 蓝黑	0.5 樱花粉

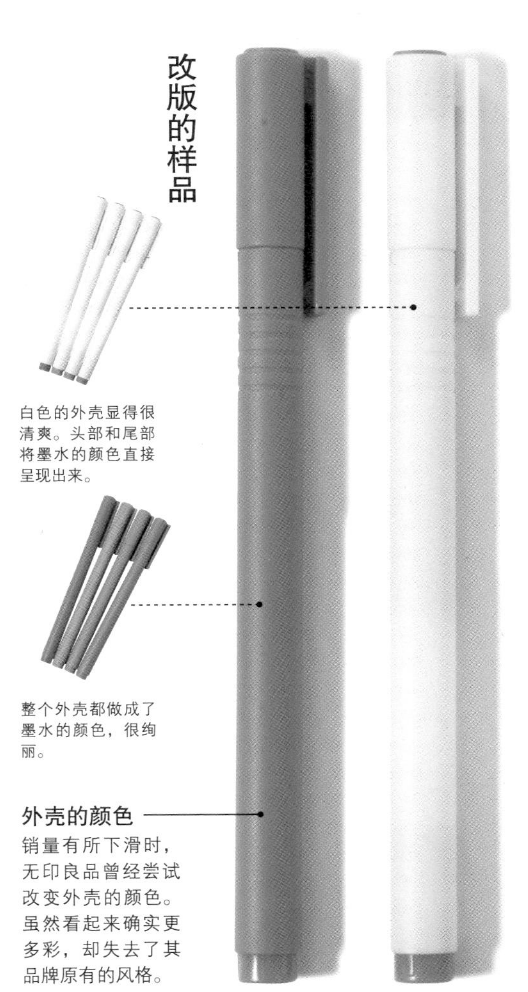

改版的样品

白色的外壳显得很清爽。头部和尾部将墨水的颜色直接呈现出来。

整个外壳都做成了墨水的颜色，很绚丽。

外壳的颜色

销量有所下滑时，无印良品曾经尝试改变外壳的颜色。虽然看起来确实更多彩，却失去了其品牌原有的风格。

No.14

规格 / 4 色 · 各 100 张
上市时间 / 2007 年 3 月

植林木索引标签纸

index tags

以前，无印良品推出过一款名叫“再生纸分类贴纸”的产品，顾名思义，就是一款用再生纸做成的分类用贴纸。但遗憾的是，这款分类贴纸的销售状况不太好，后来被迫停产了。但是过了一段时间，有很多用户提出重新上市的要求，无印良品觉得直接复刻是一件很没意思的事，就在原来的基础上进行了改良，最后推出了现在这款索引标签纸，也就是我们常说的便利贴。其中，最大的改动是将贴纸改成了便利贴。便利贴的黏性比贴纸弱很多，贴上之后还可以揭下来。

那为什么会选择这四种颜色呢？据说，只有少数几种纸能加黏着剂，再去掉夸张的荧光色，就只剩这四种颜色了，不过这几种颜色却意外地很符合无印良品的风格。

各取贴纸和便利贴所长，成为新的组合文具。

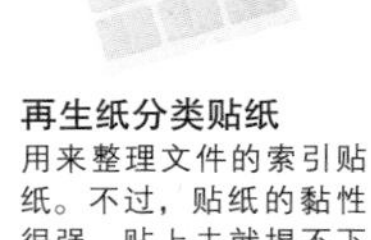

再生纸分类贴纸
用来整理文件的索引贴纸。不过，贴纸的黏性很强，贴上去就揭不下来了。

便利贴与贴纸最大的区别是贴上之后能揭下来。便利贴贴上之后，不但能轻松揭下来，而且不会留下痕迹。实际上，用普通便利贴当索引的人也不在少数。这款产品的最大特点是，既能当便利贴，又能当索引贴。而且拥有普通的索引贴所不具备的优点——贴上之后还能揭下来。它的尺寸和形状也特别合适，使用起来很方便。

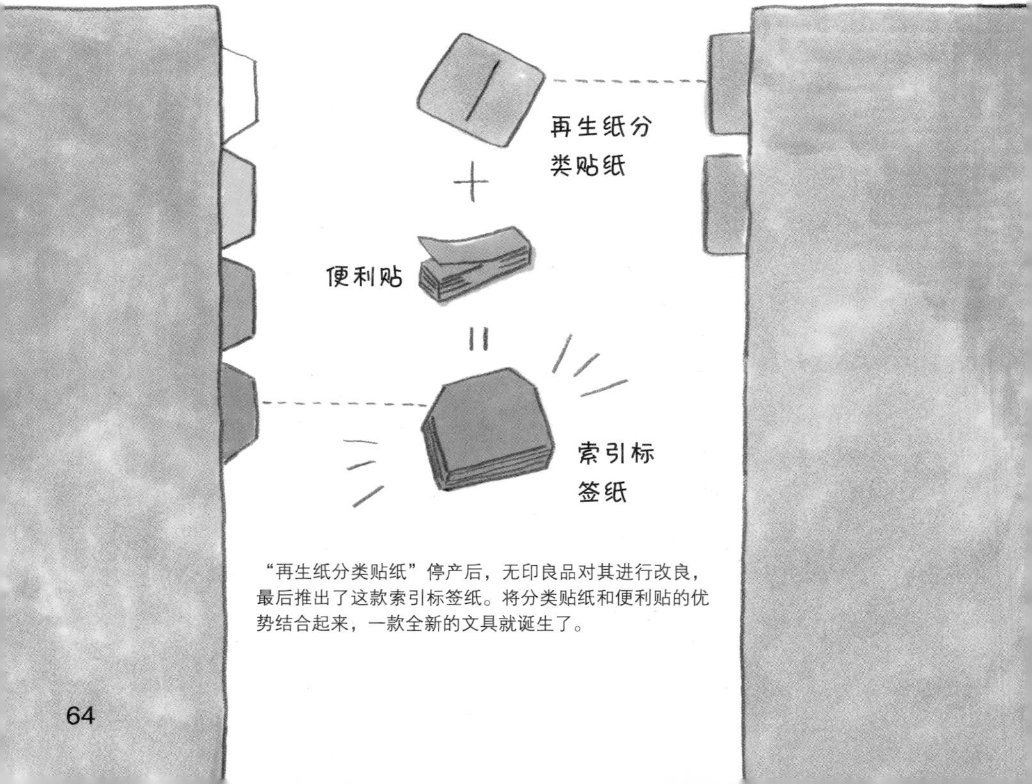

“再生纸分类贴纸”停产后，无印良品对其进行改良，最后推出了这款索引标签纸。将分类贴纸和便利贴的优势结合起来，一款全新的文具就诞生了。

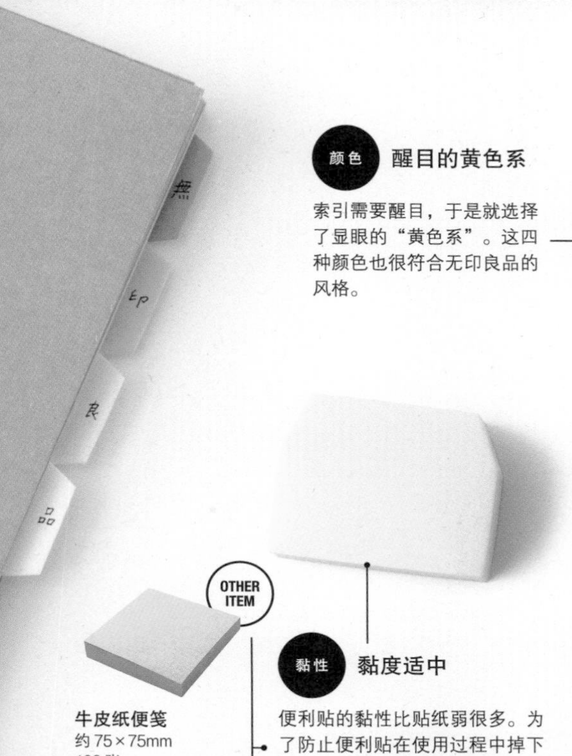

颜色 **醒目的黄色系**

索引需要醒目，于是就选择了显眼的“黄色系”。这四种颜色也很符合无印良品的风格。

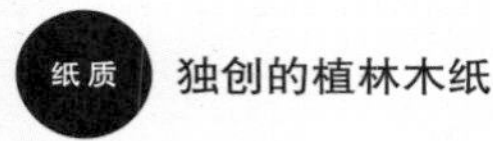

纸质 **独创的植林木纸**

原本是普通的再生纸，2011年改成了无印良品独创的植林木纸。植林木纸是用洋槐树或尤加利树制成的。

OTHER ITEM

牛皮纸便笺
约 75×75mm
100 张
无印良品的经典文具之一。据说，因为牛皮纸跟胶水很难融合，开发时下了好大一番工夫。

黏性 **黏度适中**

便利贴的黏性比贴纸弱很多。为了防止便利贴在使用过程中掉下来，无印良品曾经试图增加胶水黏性，但又怕黏性太大，揭开时将本子撕坏。最后找到的解决办法是“增加粘贴面积”。

哪种配色更符合无印良品的风格?

淡色系
2000 年上市的淡色系便利贴。整体配色很柔和，较难给人留下深刻印象（现已停产）。

黄色系
跟索引标签纸配色类似的“植林木标签纸·五色入”。2011 年上市，一直畅销至今。

荧光色系
无印良品以前也推出过荧光色系的便利贴。它的最大特点是“醒目”（现已停产）。

No.15

Spec（规格）/HB：0.3mm 12 根
HB / B / 2B：0.5mm 40 根
上市时间 /1983 年

柔滑笔芯

lead for automatic pencils

这款纸筒装的铅芯，是无印良品独有的设计。据说，以前无印良品也有普通的塑料盒铅芯，但不如纸筒铅芯销量好，于是就停产了。纸筒的包装确实很惹人喜爱，特别是打开盖子时“砰”的一声，非常有趣。除了日本国内，这款铅芯也远销海外。经常使用自动铅笔的学生们，应该会很喜欢这款产品。他们是否也会期待开盖时“砰”的一声呢？

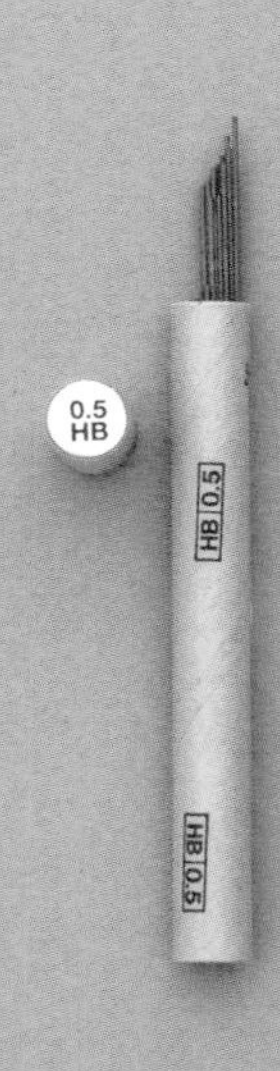
0.5
HB

小小的纸筒外壳，制作起来比想象中难得多。

从2014年开始，这款产品的名字从“笔芯”改成了“柔滑笔芯”。经常使用自动铅笔的人可能会有所体会，如今的铅芯确实比以前的顺滑了很多。很久不用自动铅笔的人，也可以找机会试试看。这款铅芯的纸筒外壳上，标注了铅芯的硬度。据说，以前这个标记都是工人用印章一个一个印上去的，当然现在已经完全机械化了，但机械化也有利有弊。将盖子盖到纸筒上的操作刚刚机械化时，由于机器力度过大，导致盖子很难拔出。后来，慢慢调整机器的力度，才解决了这个问题。别看只是一个小小的纸筒外壳，做起来也很不容易。

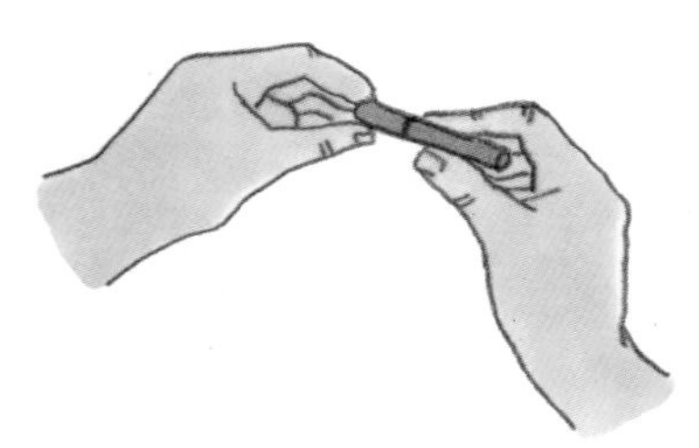

以前，纸筒上的
标记需要手工一
个一个印上去。

最普遍的塑料盒

市面上的铅芯，一般都是塑料盒装的。这是为了防止铅芯在运输或携带过程中折断。无印良品以前也推出过塑料盒包装的铅芯，虽然看起来不错，却缺少无印良品独有的味道。

高硬度柔滑笔芯 2009年上市

笔芯 试做样品

笔芯 试做样品

开盖时发出『砰』的一声的纸筒外壳

这款铅芯的纸筒外壳是用再生纸制成的，用完之后可以直接燃烧处理。可能会有人担心『用纸筒装铅芯，会不会容易折断』。相反，圆筒的形状能够保护铅芯，所以这个顾虑完全是多余的。

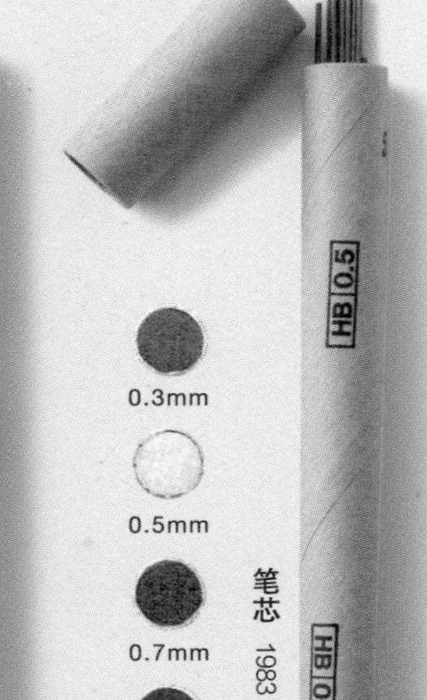

0.3mm

0.5mm

0.7mm

0.9mm

笔芯 1983年上市

最初的纸筒笔芯，会在盖子上贴上不同颜色的贴纸，用来表示笔芯的粗细。

0.5 HB 0.5mm HB

0.5 B 0.5mm B

0.5 2B 0.5mm 2B

0.3 HB 0.3mm HB

柔滑笔芯 2015年上市

单凭颜色用户很容易搞混，于是将纯色的贴纸改成了带粗细和硬度标识的贴纸。

柔滑笔芯 2014年上市

只在便利店销售的笔芯。纸筒用的不是再生纸，而是比较滑的黑纸。

No.16

规格 / 黑、红、粉、橙、天蓝、蓝
0.7mm
上市时间 /2006 年 1 月

六角六色
圆珠笔

ball-point pen with six colors

这款六色圆珠笔从上市以来一直是圆柱形的，在2013 年改版成六角形。当时，无印良品正好推出了以“水性六角双头笔”为首的“不容易滚动的六角文具系列”，于是也将这款圆珠笔的笔身改成了六角形。2013 年前后，国外的厂商开始参考这款笔的设计，推出类似的仿品。请大家仔细观察笔的照片，其实笔身中央有一条很不起眼的接缝。即使是拿到实物，不仔细看也很难看出来。笔身改为六角形之后，要做出这种肉眼几乎不可见的接缝，就需要更高的技术，这样模仿起来也没那么容易。

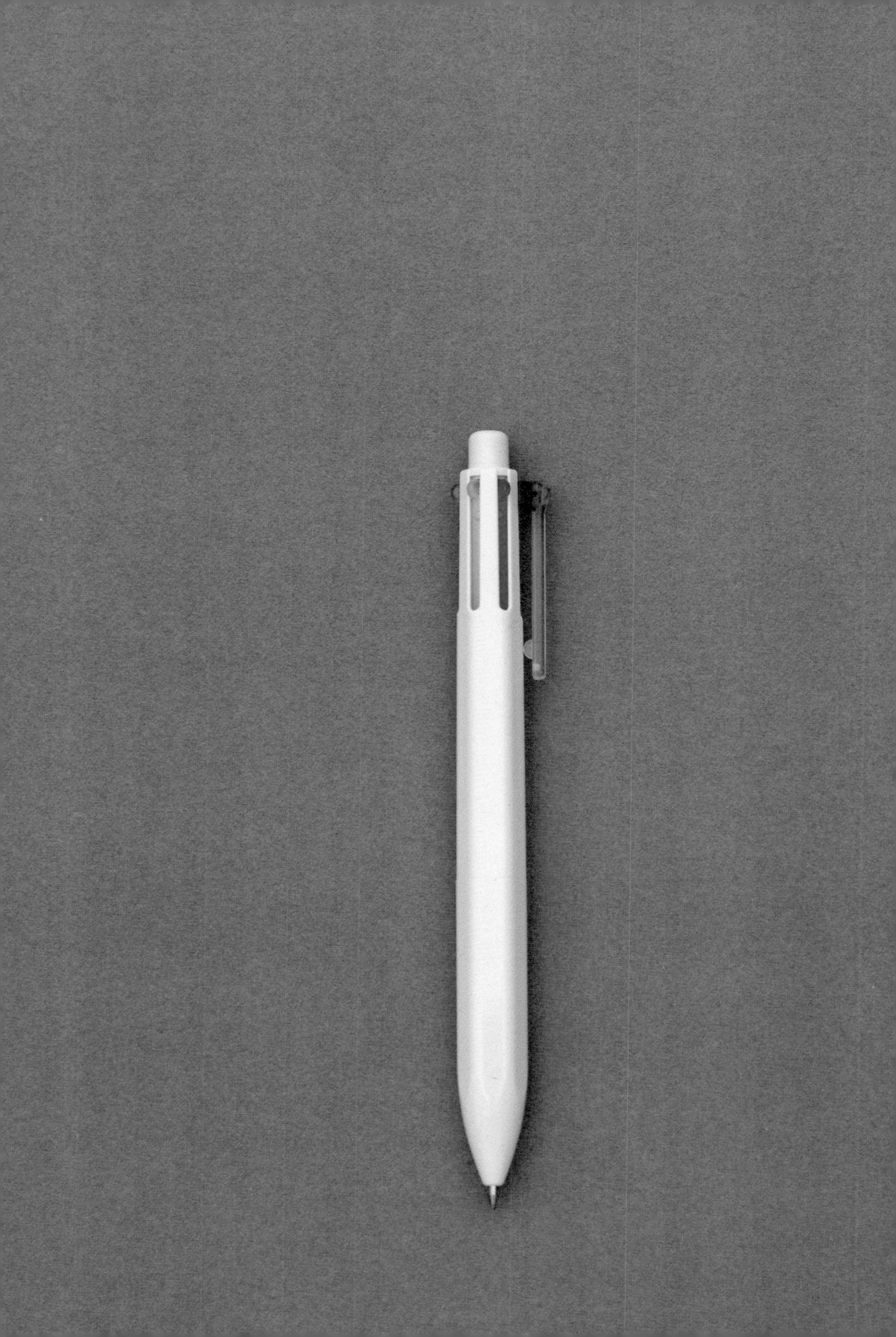

在日本，粉色是男女老少都很喜爱的颜色。

六种颜色的模块笔并不多见，那么这六种颜色是怎么选出来的呢？其实是从“凝胶中性墨水圆珠笔”最畅销（六角圆珠笔上市时的数据）的颜色中挑选出来的。不过，这六种颜色中竟然没有绿色，让我觉得很意外。其他品牌的模块笔几乎都有绿色，无印良品却没有，实在是令人费解。相反，不那么常见的粉色却入选了，据说是因为日本人偏爱粉色。其他国家普遍认为粉色比较低龄化，但热爱樱花的日本人却很喜欢粉色。樱花 = 粉色 = 大和精神……咦？稍等一下，真正的樱花也有白色的吧！也可能是因为“樱花 = 粉色”这种约定俗成的想法。

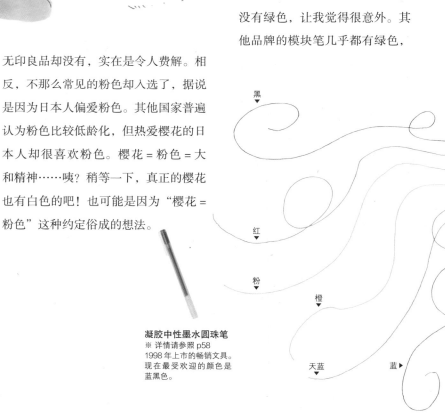

黑
红
粉
橙
天蓝
蓝

凝胶中性墨水圆珠笔
※ 详情请参照 p58
1998 年上市的畅销文具。现在最受欢迎的颜色是蓝黑色。

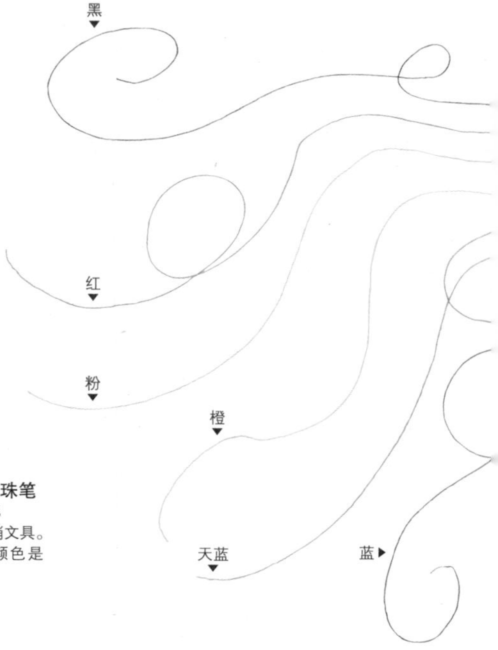

汇集了六种高人气颜色的特制模块笔。

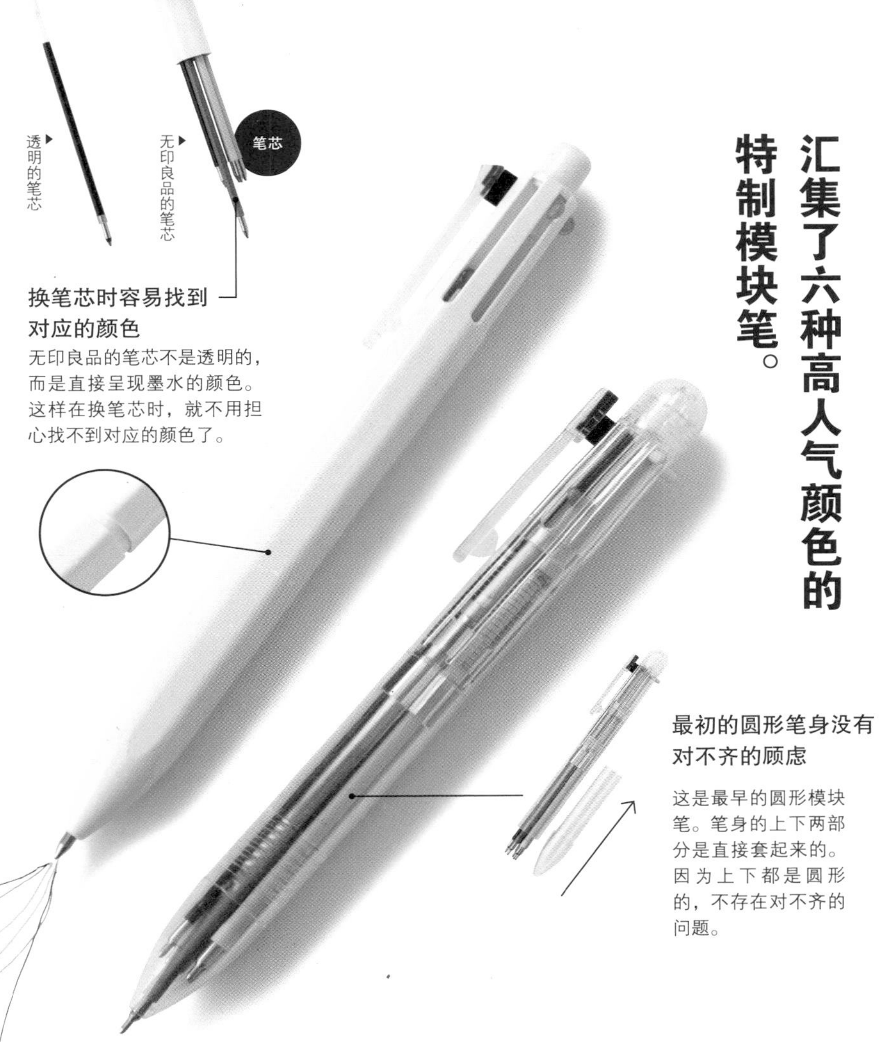

换笔芯时容易找到对应的颜色

无印良品的笔芯不是透明的，而是直接呈现墨水的颜色。这样在换笔芯时，就不用担心找不到对应的颜色了。

最初的圆形笔身没有对不齐的顾虑

这是最早的圆形模块笔。笔身的上下两部分是直接套起来的。因为上下都是圆形的，不存在对不齐的问题。

在p70向大家介绍了六角形笔身的改进经过，这个改动看似简单，却需要很高的技术，特别是中间的接缝处。虽然笔身是六角形的，却完全不存在对不齐的问题，上下两部分严丝合缝，不仔细看基本看不出接缝。设计人员甚至还担心会有人以为这款笔是上下一体无法换笔芯的。另外，这款笔的替芯不是透明的，而是直接呈现墨水的颜色。透明笔芯的墨水看起来都是黑黑的，很难看出原本的颜色，这样在换笔芯时就会很麻烦。为了避免这种情况，就将笔芯的外壳做成了跟墨水一样的颜色。其他品牌也有类似的设计，非常人性化。

No.17

规格 / 约 35g
上市时间 /2017 年 11 月

防褶皱液体胶水

liquid glue

常见的粘贴工具主要有三种，分别是液体胶水、胶棒和带状胶。液体胶水是最便宜的，但纸张会因吸收胶水中的水分而产生褶皱，这是液体胶水的最大缺点。单独粘贴一张纸还可以，但做手账或剪贴本时需要粘贴大量的纸品，胶水导致的褶皱会使整个本子不平整，非常影响美观。所以，我一般会用带状胶。不过，带状胶价格略贵，性价比不高。胶棒价格适中，却存在黏性不够和容易结块等问题。看来，每样商品都有不足之处。我当时还在想“如果有不会让纸起皱的胶水就好了”，没想到无印良品就真的做出来了。

水分を抑えた成分で紙に
浸透しにくいため貼った跡が
しわにならない液状のりです。
しわにならない
液状のり
WRINKLE-FREE GLUE
約35g
税込 190円
MUJI 無印良品

胶水头的种类

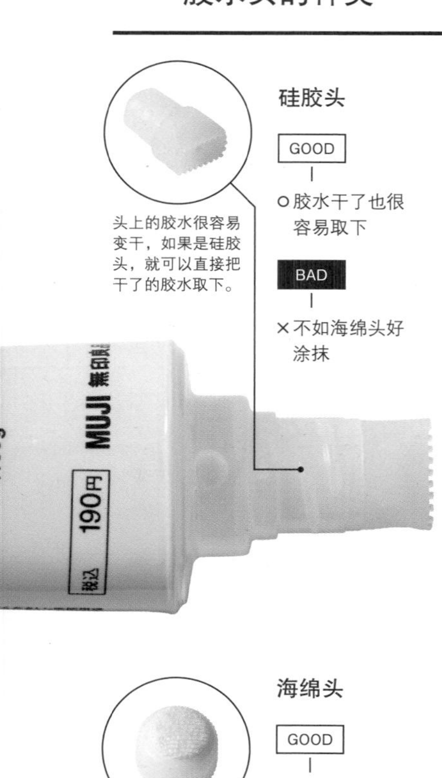

硅胶头

GOOD

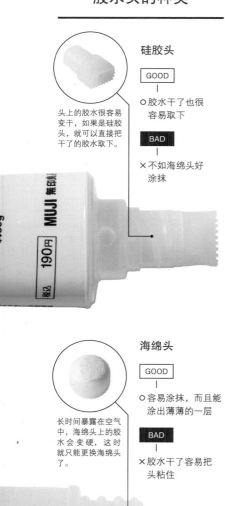

○胶水干了也很容易取下

BAD

×不如海绵头好涂抹

头上的胶水很容易变干，如果是硅胶头，就可以直接把干了的胶水取下。

海绵头

GOOD

○容易涂抹，而且能涂出薄薄的一层

BAD

×胶水干了容易把头粘住

长时间暴露在空气中，海绵头上的胶水会变硬，这时就只能更换海绵头了。

用过一次就会爱上它，无懈可击的液体胶水。

粘贴工具的种类、特征

带状胶

宽约 5mm、长 7m

GOOD

○不会起皱
○黏性强

BAD

×价格偏高

胶棒

约 8g

GOOD

○不会起皱
○价格便宜

BAD

×容易结块
×黏性弱

液体胶水

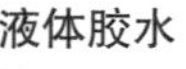

约 35mL

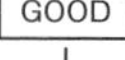

GOOD

○方便大范围涂抹
○价格便宜

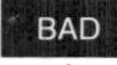

BAD

×容易起皱

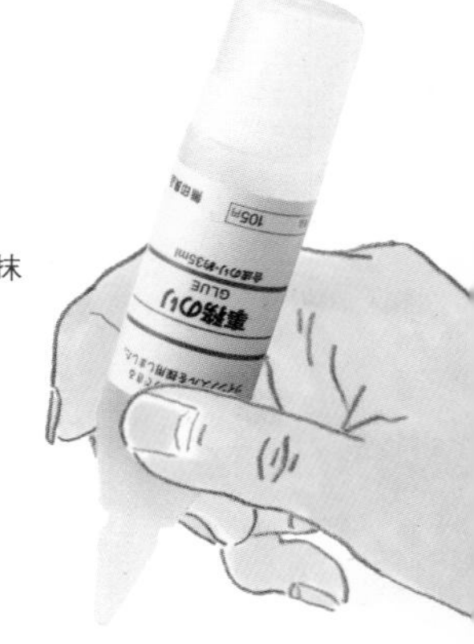

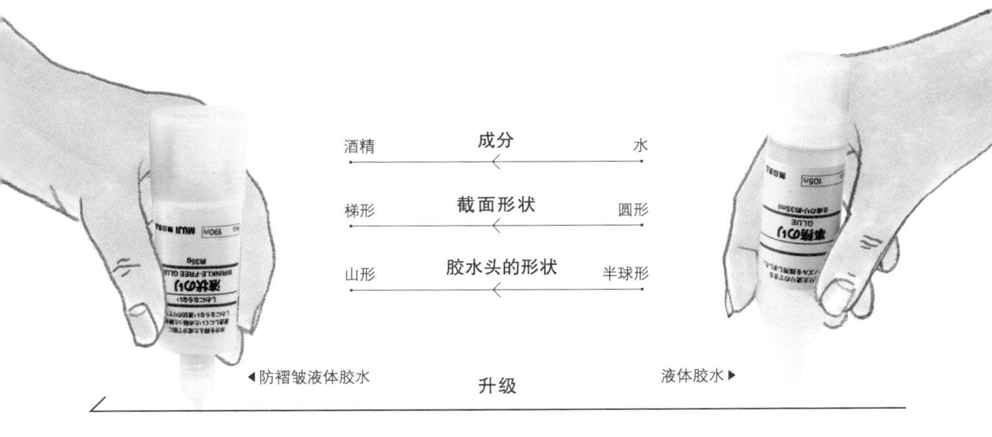

成分

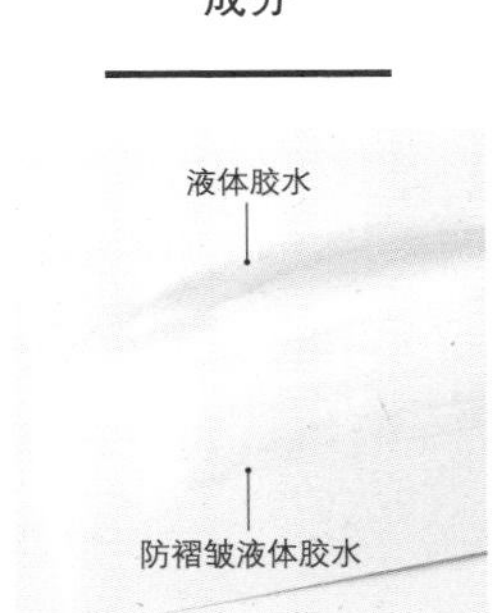

用酒精代替一部分水，是这款胶水不易使纸起皱的秘诀。酒精很容易挥发，涂在纸张上纸也不会因为吸收水分而产生褶皱。

外形

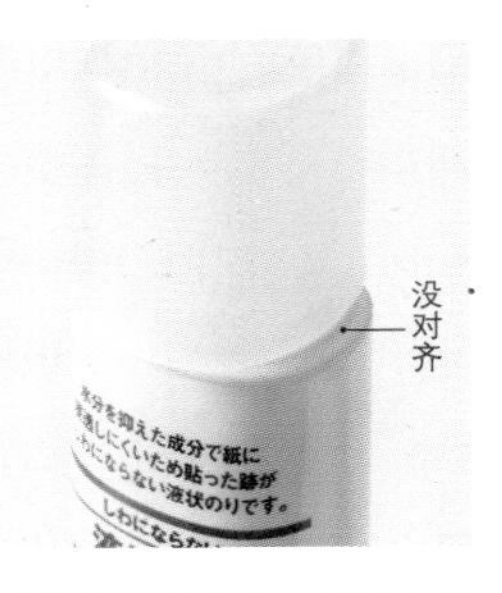

这款胶水的外壳，横截面是梯形的。这个设计有三个优点，一是容易立在桌面上，二是横放时不易滚动，三是能一眼看出盖子是否盖严（盖子对齐才算完全盖严）。

胶水头的形状

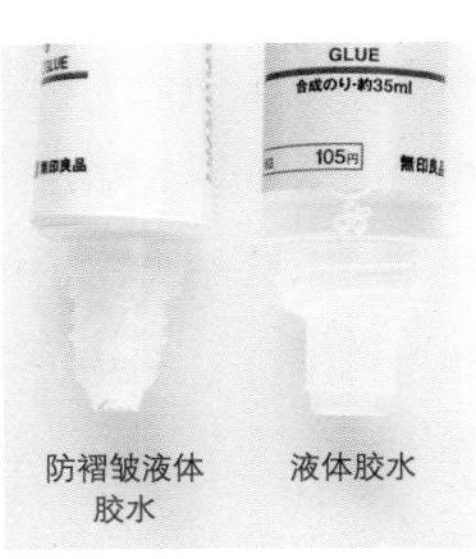

胶水头没有做成普通的半球形，而是做成了山形，这样平放时也容易涂抹。这款胶水还是双头的，想在边边角角涂胶水时，只要用较细的一头就可以了。

拿到这款胶水，最先注意到的一定是它独特的外形。跟普通的圆柱形胶水不同，这款胶水的横截面是梯形的，这样就能通过看盖子是否对齐，来判断胶水有没有盖严了。液体胶水的缺点是容易变干，所以使用硅胶头，即使胶水变干也很容易取下。胶水有大小两个头，很方便涂抹。而且，里面的胶水是速干型的，使用起来方便又快捷。无论是外观还是性能，这款胶水都无可挑剔。

Chap.1 /

No.18

规格 /40 张・14 行・约 82mm × 185mm
上市时间 /2010 年 2 月

长条形
清单便笺

check list

这是在 2010 年 2 月与四格便笺一起推出的产品，在日本很受家庭主妇欢迎。很多人会将这款便笺贴在冰箱上，随时记录需要购买的食材。其他品牌也推出了类似的清单便笺，但一般尺寸都很小。无印良品的这款便笺尺寸非常大，这一点从图片就能看出来。当然，拿到实物你会更惊讶。尺寸是这款便笺最大的优点，因为这种清单便笺追求的就是实用性，一定要好写且容易看清。最让人好奇的是制作成这种尺寸的原因，不过现在已经无从知晓，也许是听取了主妇们的建议吧。

亚克力
清单型
印章
2011 年 12 月上市

长条形清单便笺和小型清单便笺上市后，无印良品又推出了清单型的印章。它可以印在任何地方，使用起来很随意（现已停产）。

植林木
清单便笺
约 44mm × 98mm · 45 张
2010 年 9 月上市

长条形清单便笺比预期更受欢迎，于是无印良品又推出了这款尺寸略小的便笺。

爱用者
学生
商务人士

既可以贴在日程本上，也可以放进铅笔盒里，这款便笺尺寸非常实用，因此广受学生和商务人士的喜爱。

长条形
清单便笺
40 张 · 14 行
约 82mm × 185mm
2010 年 2 月上市

这款产品上市时，其他品牌的清单便笺销量并不算太好。它的尺寸到现在也是独一无二的。

爱用者
主妇

这款便笺最主要的购买群体是家庭主妇。很多人从上市开始使用至今，可以说是无印良品的铁杆粉丝！

长条形
四格便笺
40 张
约 82mm × 185mm
2010 年 2 月上市

2006 年推出的“再生纸周刊志四格笔记本 · 迷你版”（p22）销量一直不错，因此顺势推出了这款长条形的四格便笺。

爱用者
动漫爱好者

这款四格便笺跟之前发售的四格笔记本一样广受动漫爱好者欢迎。有了这款便笺，可以随时随地将想到的情节画成漫画分镜。

纸的颜色 **柔和不伤眼**

为了保护使用者的眼睛，无印良品特意选择了柔和的米白色纸张。

纸质 **独创的植林木**

这款便笺用的是无印良品独创的植林木。

设计 **有很大的书写空间**

这款便笺尺寸很大，所以有很大的书写空间。如果想写更大的字，可以一字占两行。

从远处也能一眼看清！独一无二的清单便笺。

这款便笺很适合作为购物清单。逛超市时，需要一手拿着清单一手推着车，在这种情况下，购物清单当然是越大越好，无印良品这款便笺尺寸非常合适。可能是因为这款便笺的销量比较好吧，后来无印良品又推出了小型的清单便笺。小型清单便笺可以直接贴到日程本上，用起来很方便。有些日程本的“TO DO”栏比较少，可以用这款便笺补足。有时会出现不重要的临时工作，可以用便笺记下后贴到日程本上，完成后再揭下来丢掉。小型清单便笺的用法很多，而且使用情境与大型便笺完全不同。

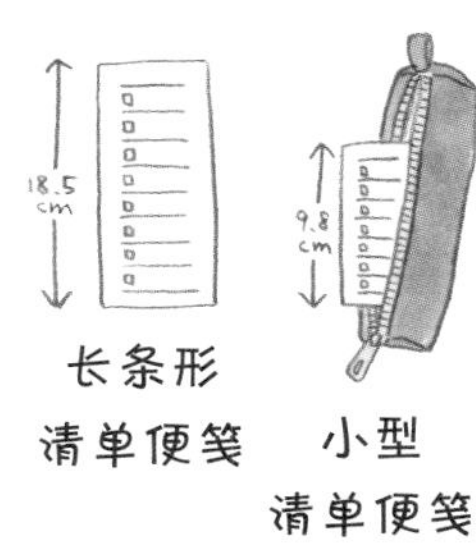

便笺尺寸很大，
距离很远也能看清！

Chap.1 /

No.19

规格 /A5・6 袋
上市时间 /2017 年 7 月

便携式薄型插袋文件夹

slim handy holder

仔细观察就会发现，现在的女大学生们都背着很小的包，据说是因为小包显得比较时尚……如果不相信，可以翻一翻女生们喜欢的时尚博主的博客，介绍的也都是清一色的小包。说起来，在我上大学时就已经开始流行小包了。不过，当时的我喜欢随身携带很多东西，于是一直背着很大的包。感叹完流行趋势，让我们回到正题。其实，这款薄型文件夹的设计初衷，就是供喜欢背小包的学生使用。无论是本子，还是打印成 A4 纸的讲义，都能整齐地收纳在这款文件夹里。如今，这款文件夹的使用者已经不限于学生，很多家庭主妇也很爱用它，这一点也很让人费解。

『这个，很好用！』让主妇都赞不绝口的文件夹。

主妇们一般用它装家计簿和收据。

这款文件夹本来是为喜欢背小包的学生设计的，但由于使用起来十分方便，渐渐受到各界人士的喜爱，特别是日本的家庭主妇。文件夹里的小口袋很适合收纳小东西，主妇们一般用它收纳家计簿和收据等纸品。商务人士也可以用它装各种文件。这款文件夹的设计看似简单，其实背后有很多玄机。为了达到使用方便的目的，研发人员花了很多心思，下一页就为大家介绍这款文件夹的设计细节，而这些细节正是它广受人们喜爱的原因。

学生们背的包变得越来越小。

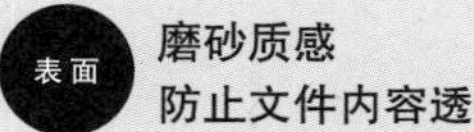

表面

磨砂质感 防止文件内容透出来

文件夹表面是磨砂质感，这样文件的内容就不会透出来，可以安心地放一些财务方面的文件。

口袋

口袋有高低差距

这款文件夹的口袋有高低差距，不仅是为了好看，还有很大实用价值。塑料的文件夹很容易因静电吸在一起，像这样做出高低差距，就不会出现那种情况了。

厚度

轻薄平整

整个文件夹轻薄而平整，收纳很方便。这是为了放进小包而做的设计。

切口

多了切口设计 口袋不容易开裂

这个小小的切口也有它独特的作用。如果没有切口，用力翻的时候很容易把口袋撕坏。加了切口可以分担拉力，口袋就不容易坏了。

No.20

规格 /350mm × 170mm
上市时间 /1992 年 8 月

再生牛皮纸笔记本（附日程表）

craft desk notebook

无印良品推出的第一款文具是再生纸“便笺账”（p10），但真正表达出无印良品态度的，却是这款再生牛皮纸笔记本。无印良品研发文具时所持的理念是“让用户自己摸索文具的用法”。有详细使用方法的文具固然不错，但有时却限制了想象力。所以，无印良品只保留最基本的设计，其余尽量简化，给用户自由发挥的空间。对于文具爱好者来说，自己摸索文具的用法是一件很开心的事。这款笔记本的研发者曾经说过：“我们会刻意留出空间，让用户自由发挥。希望用户不要被固有的东西框住，保持自由随意的心态使用文具并得到满足。”这款牛皮纸笔记本，将无印良品的这种理念体现得淋漓尽致。

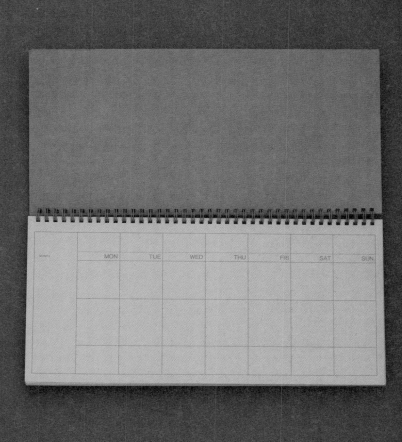

MON TUE WED THU FRI SAT SUN

已故的田中一光先生，从无印良品创社之初就开始担任艺术总监，他为无印良品设计了很多经典款文具。这款“再生牛皮纸笔记本”就是以田中先生的日程本为原型设计而成的。据说田中先生桌子的陈设非常简单，一般只摆着日程本和色卡两样东西。

除文具之外，无印良品的其他商品设计也都很简单。这是为了减少物品本身的限制，让我们更自由随意地使用这些商品。前面提到的“再生纸周刊志四格笔记本·迷你版”也是只保留了最简单的设计。其实，有时设计简单并不

使用方法交给客户去摸索，这是无印良品文具的设计初心。

再生牛皮纸
笔记本（附日程表）·日计划·A5
2002 年上市。包括 15 个月份的月计划和一些 5mm 的点阵纸。

再生牛皮纸笔记本（附日程表）·周计划
只有最基本的网格和星期的标识。具体日期和时间可以自由填写。

是一件坏事，使用起来反而更便利。这是无印良品一直以来坚持的理念，所以其产品一般都有很多留白。从某种意义上讲，留白反而是最珍贵的东西，因为它意味着自由。这款简洁的牛皮纸笔记本，将无印良品的这种理念体现得淋漓尽致。时至今日，每当研发遇到瓶颈时，无印良品的研发人员都会拿出这款台历，来提醒自己勿忘初心。

其实，不光是设计人员，我们这些普通用户也都有类似的体会，在这个信息爆炸的时代，我们的生活时刻充斥着各种各样的东西，让人措手不及。拿笔记本来比喻的话，就是有各种详细教程和条条框框的本子。教程和条条框框确实对使用有所帮助，但也会成为一种限制。有时，还是想在限制很少的纸上自由地写写画画，最符合这个需求的，就是无印良品的文具——设计简单而低调，没有多余的装饰，将代表自由的空白留给大家。

ポリプロピレン
カードケース・ダブル
税込300円
鉛筆削り器
ペンケースに入れやすい
コンパクトな鉛筆削りです。
税込100円
LEDライト 1000ルクス
税込1,000円
貼ったまま読める透明付箋紙
半透明なので、
貼り付けた後に読み・書きができ、
本や辞書を汚さないですみます。
税込350円
針が細い画鋲
税込180円
書き込めるメジャー
税込1,050円
植林木ペーパー
インデックス付箋紙
税込262円
手動式鉛筆削り
シンプルな手動式の鉛筆削りです。
税込600円
税込1,000円

Chap.2

用法

在本章中，我们邀请到几位日本资深文具爱好者，为大家分享他们爱用的无印良品文具并讲解这些文具的用法。有些用法可谓创意十足，让人不得不佩服。

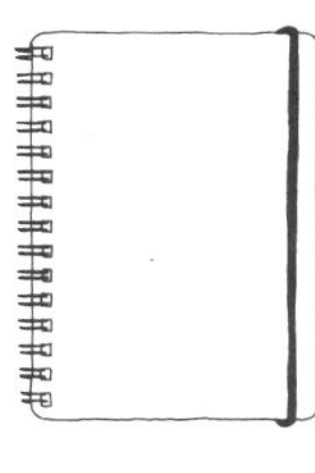

在四格笔记本上
将想象力发挥到极致。

Case.01

三江健太 先生

插画师

Case.01 三江健太 先生

插画师

这款笔记本只在特定时间发售，所以每次都会买很多。

刚开始入手这款笔记本是为了画四格漫画和分镜，实际使用起来，确实与想象中一样顺手。这款本子很轻薄，我经常带着它外出，随时记录突然迸发的灵感。它的手感和纸张的颜色让人觉得很舒服，而且再生纸很环保，可以随心所欲地使用，不用顾忌太多。用过一段时间后，我渐渐探索出了别的用法。比如，活用上面的格子，将整个本子画成一部完整的作品。四格漫画式的设计实在是太棒了，也让人很容易产生各种灵感。

基本情况

三江健太（Mie Kenta）

原籍是日本石川县金泽市。毕业于日本武藏野美术大学建筑系，2000 年开始在美国纽约工作。2006 年回国，一直从事插画、平面设计、漫画、动画等相关工作。

再生纸周刊志
四格笔记本・迷你
A5・88 页

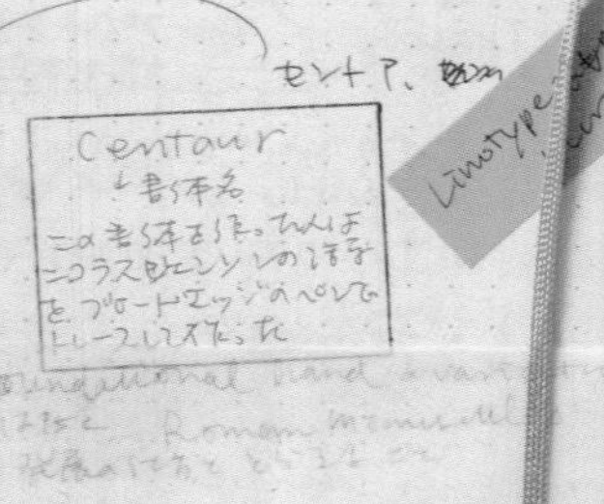

Centaur
A quick brown fox
centaur
30°の down stroke is twice width (thickness) of holizontal stroke.
never!

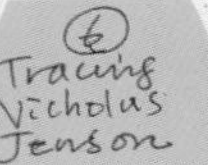

6
Tracing Nicholas Jenson

Case.02

三户美奈子 小姐

书法家

越是简单的文具
越能发挥自己的创意。

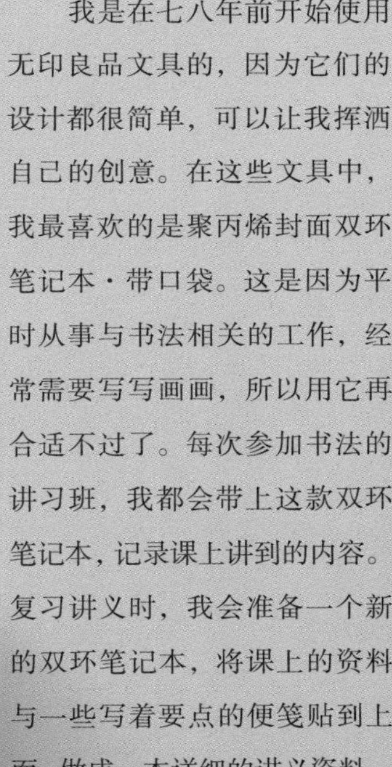

我是在七八年前开始使用无印良品文具的，因为它们的设计都很简单，可以让我挥洒自己的创意。在这些文具中，我最喜欢的是聚丙烯封面双环笔记本·带口袋。这是因为平时从事与书法相关的工作，经常需要写写画画，所以用它再合适不过了。每次参加书法的讲习班，我都会带上这款双环笔记本，记录课上讲到的内容。复习讲义时，我会准备一个新的双环笔记本，将课上的资料与一些写着要点的便笺贴到上面，做成一本详细的讲义资料。

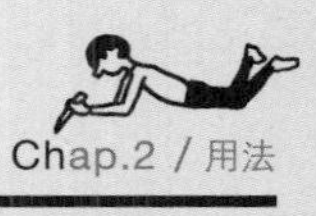

Case.02 三户美奈子 小姐

书法家

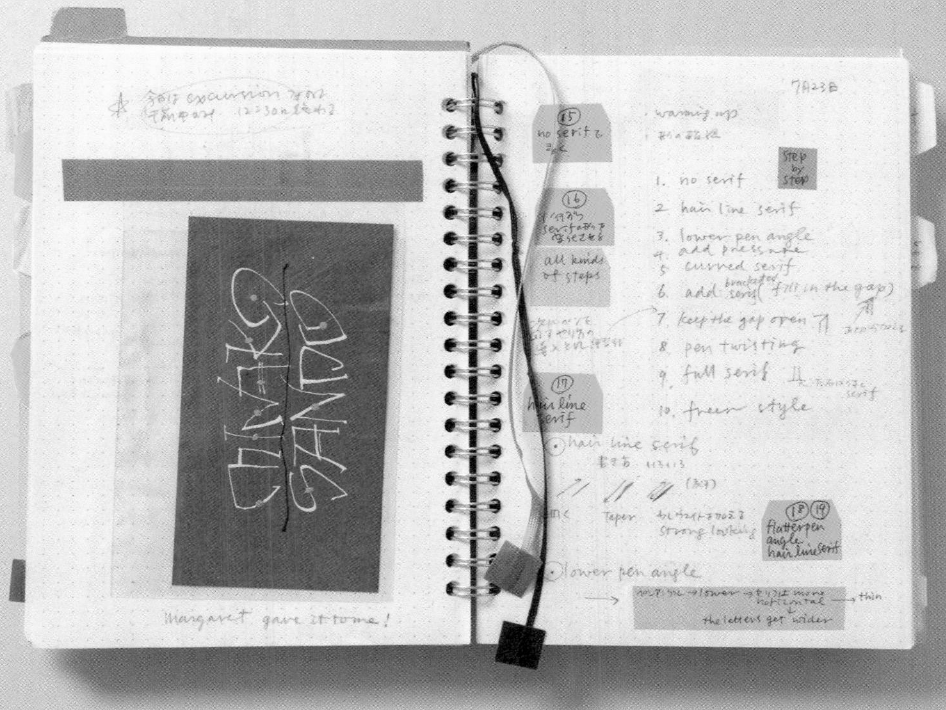

将想珍藏的美好回忆结集成册。

这是我去美国芝加哥参加国际书法大会时的资料集。当时，我们一整个星期都在钻研一种字体，专注又充实，那是一段美好的回忆。为了在以后翻看时能回忆起一些细节，我收集了当时的资料，做成了这本内容丰富的资料集。制作过程中，我还用到了无印良品的索引标签纸和可贴式书签绳，最后的效果我也很满意。

以前看到朋友使用这款索引标签纸，当时就觉得“这正是我想要的东西”。实际购入后，发现果然很好用，就一直沿用至今。除此之外，我还很喜欢无印良品的植林木便笺，用来记录“TO DO”或者需要带的东西。

基本情况

三户美奈子（Sando Minako）

书法家。拥有一个名叫“+script”的工作室。平时会开设书法课，或是到专门的美术学校讲习，同时还从事Logo设计等工作。

聚丙烯封面
双环笔记本・带口袋
A5・白・90 页・点阵

封面

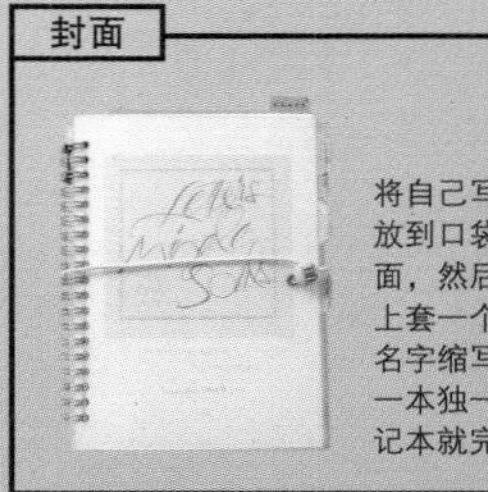

将自己写的艺术字放到口袋里做成封面，然后在橡皮筋上套一个带有自己名字缩写的纽扣，一本独一无二的笔记本就完成了。

Chap.2 / 用法

Case.03

Mizutama 小姐
橡皮章雕刻家

这些年我一直在使用无印良品的本子，最爱的是薄薄的空白笔记本，我会把它做成各种小东西的收集本，比如下面展示的“凹凸图案集”。我会用彩色铅笔将喜欢的图案拓印在本子上，例如好看的硬币、撕得很整齐的胶带、带锯齿边的邮票等。

将硬币等的图案拓印在本子上，打造独一无二的『凹凸图案集』。

这种奇怪的收集可能并不常见。无印良品的这款空白笔记本，不但尺寸和页数很合适，而且从前端或后端开始用都没问题。有时，我会收集一些比较特别的东西，就可以先从一边用起，如果收集到的东西很少，可以只用一边，从另一边开始收集别的东西。如果收集的东西很多，就可以做成一整本了。

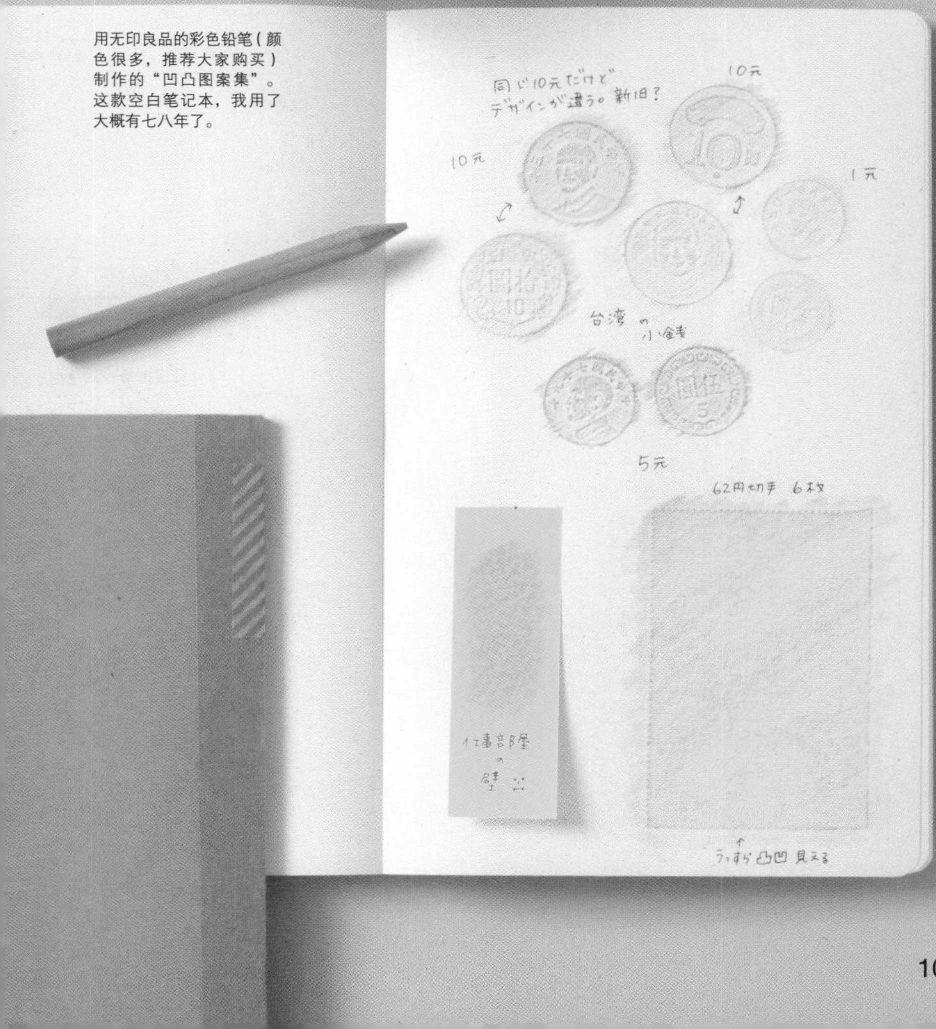

用无印良品的彩色铅笔（颜色很多，推荐大家购买）制作的“凹凸图案集”。这款空白笔记本，我用了大概有七八年了。

Case.03 Mizutama 小姐

橡皮章雕刻家

除了“凹凸图案集”，我还用这款空白笔记本记录星巴克的隐藏菜单（下图）、做“胶带图鉴（p103）”。这款笔记本的封面也是空白的，可以根据内容自行设计，这一点也非常棒。

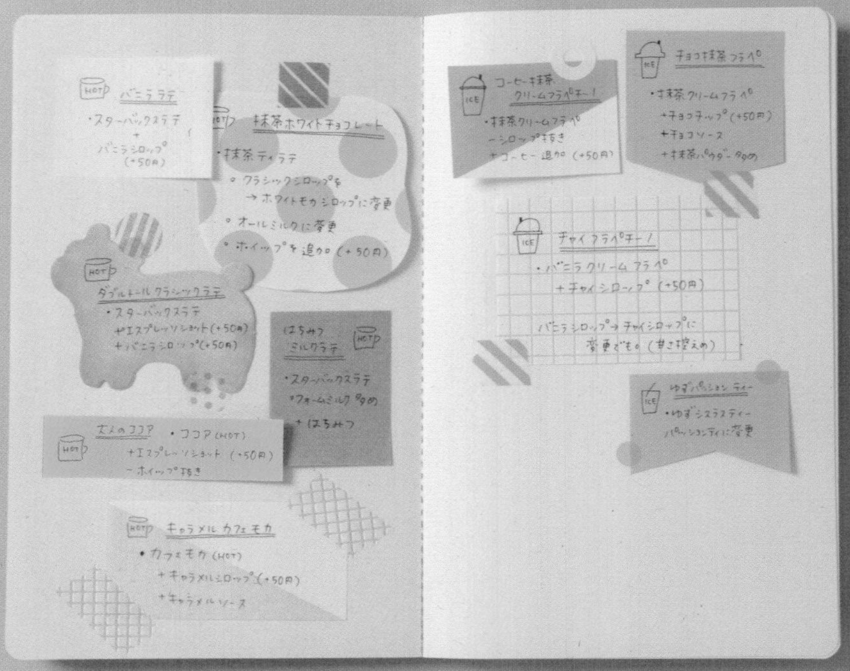

封面

上面的英文是用无印良品的免费印章（p182）印成的，然后我又在下面贴了贴纸。本子本身的设计很简单，更方便改造。

用本子收集一切自己喜欢的东西。

剪胶带时用了无印良品的不锈钢剪刀。这款剪刀不容易粘胶带，使用起来很方便。而且剪刀头部比较尖，可以剪一些小东西。

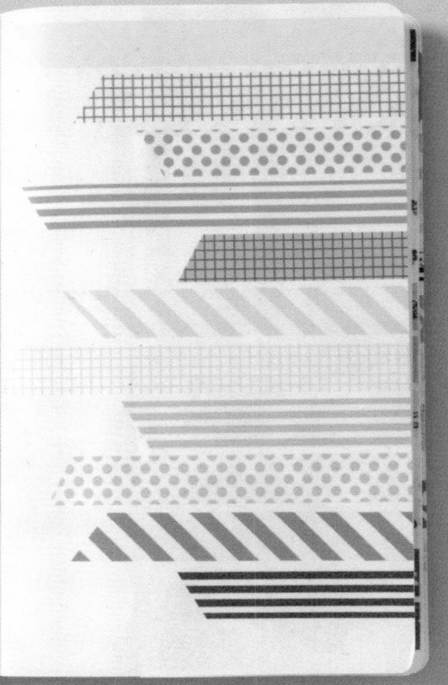

基本情况

Mizutama

橡皮章雕刻家、插画师。最初从事招牌设计工作，自2005年开始制作橡皮章。后来，慢慢在日本各地开设橡皮章教室，也会与文具品牌合作，发售独特而又个性的文具。

上质纸
细长型笔记本・空白
A5・细长
※2018年4月上市

封面

“胶带图鉴”的封面用胶带做了装饰。只要用剪刀或美工刀将胶带裁成小块，随意贴到本子上就完成了。

Case.04

杉田惠 小姐

插画师

没有多余的设计，
手感也非常棒，
用它画画很痛快！

1027
おやつ
ミルク
リンツ
リンドール
チョコレート
キャラメル
ダーク

1031 おやつ
ワッフル

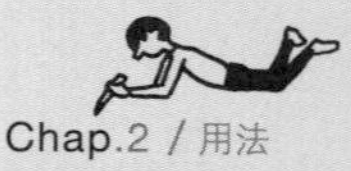

Case.04 杉田惠 小姐
插画师

一页纸一幅画，画起来轻松又开心。

这款本子尺寸很小，方便随身携带，我经常会带着它在咖啡厅或居酒屋画画。而且这款本子是可撕式设计，需要的时候可以将一页纸单独撕下来。

我会用无印良品的素描本（明信片尺寸）画一些趣味小插画，主要是蛋糕之类的甜品，有时也会画其他吃的。我喜欢在吃之前画，所以每次都还要与食欲作斗争。其他品牌出的明信片素描本，一般都会在背面印上邮编栏和地址栏等，只有无印良品的这款素描本双面空白。而且，不论厚度还是手感都非常完美，用铅笔或圆珠笔都能画得很顺手。最让人中意的还是它的尺寸，明信片尺寸的纸张，画的时候可以不用太注重细节，很轻松就能完成一幅。

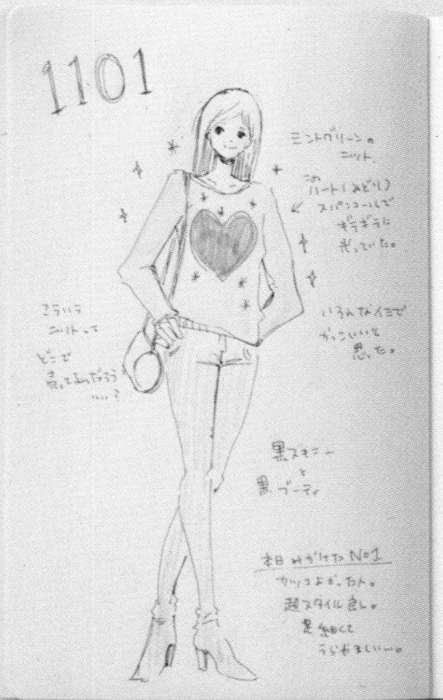

除了素描本，我还很喜欢无印良品的细长型笔记本（空白），我会用它画女生的穿搭。每次在街上看到好看的穿搭，就默默地记下来，回家后画到本子上。这些穿搭有时在我的工作中就能派上用场。选择这款细长型笔记本的原因有两个，一是用铅笔或圆珠笔画起来都很顺手，二是尺寸很合适，细长的页面正好能画下一组穿搭，留白的地方还可以记一些要点。

基本情况

杉田惠

插画师。平时会为日本各类媒体绘制以女孩、小孩为主的插画。著有《让笔记、日记、手账更丰富可爱的插画》（日本 Impress）等书。

再生纸素描册・明信片尺寸
20 张・可撕式设计
（约 150mm × 100mm）

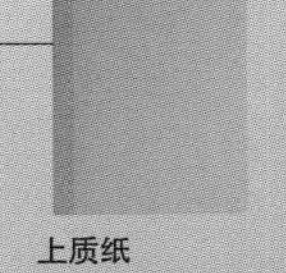

上质纸
细长型笔记本・空白
A5 ・细长
※2018 年 4 月上市

Case.05

美浓羽真由美 小姐

服装设计师

我的女儿现在已经十岁了，从她出生开始，我就用无印良品的双环笔记本记录她的成长。有时我会在日记旁配上插画，所以比起普通的横线本，我更爱用这款点阵本。我还会在本子上贴照片留念，比如怀孕时的照片。每年女儿生日，我都会送

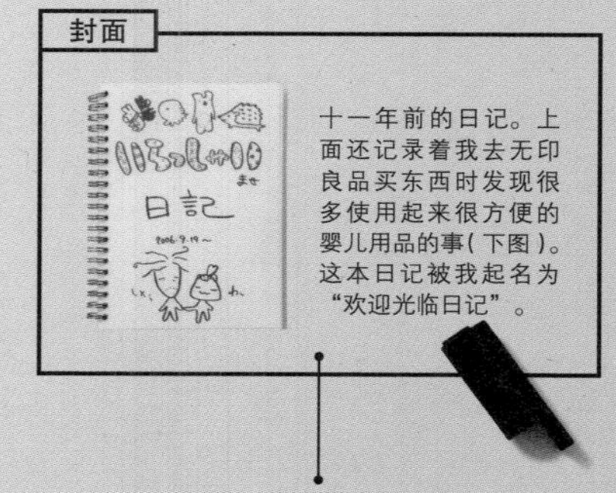

封面

十一年前的日记。上面还记录着我去无印良品买东西时发现很多使用起来很方便的婴儿用品的事（下图）。这本日记被我起名为“欢迎光临日记”。

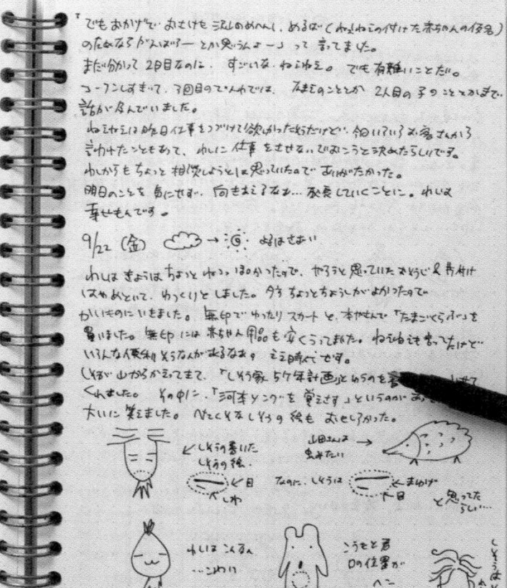

她一件亲手制作的衣服。在她六岁时，我在无印良品发现了一款绘本笔记本（价格也很合适），就自己创作了一本绘本送给女儿——绘本的左页是爸爸想对女儿说的话，右页是我想对女儿说的话。女儿很喜欢这本绘本，到现在也经常翻看。到下次生日，我打算再送她一本。

绘本《小乐之书》是根据女儿的名字（小乐）起的。

用本子记录女儿的成长，并当作生日礼物。以后再拿出来看，一定很有意思。

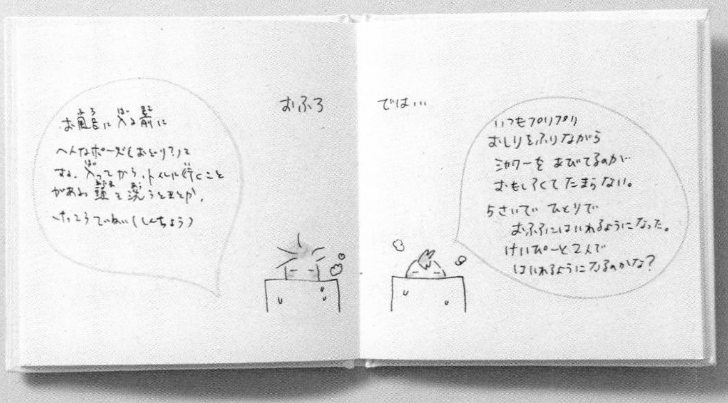

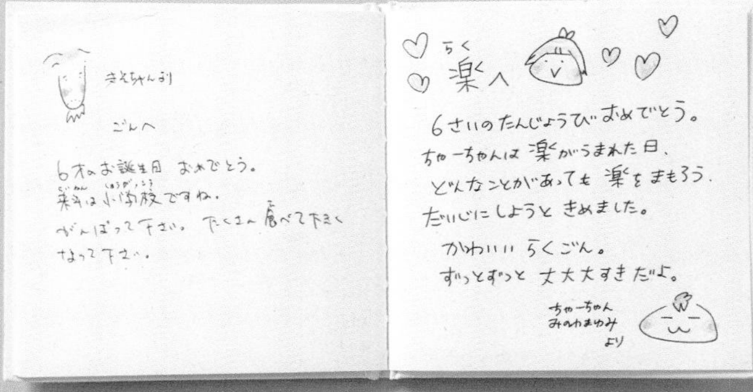

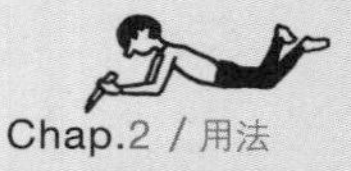

Case.05 美浓羽真由美 小姐

服装设计师

一直使用同一款产品让人觉得方便又安心。

我是一名服装设计师，经常要跟布料打交道。家里的布料种类越来越多，整理起来非常麻烦。而且我希望把布料放在平时能看到的地方，然而布料又不能长时间接受光照。能解决这些难题的就是无印良品的单词卡片本。我将布料裁成小块，贴到单词卡上就做成了一个样品本，这样就能随时掌握布料的库存了。这款单词卡片本还能自由拆卸，可以随意调整布料顺序、增加或减少布料，用起来非常方便。除此之外，我还会用无印良品的点阵本作为设计手账。使用的款式与前文提到的日记本（p108）一样，也是双环笔记本。我经常要在设计手账上贴布料，本子会越来越厚，所以选择了空间比较充足的双环笔记本。

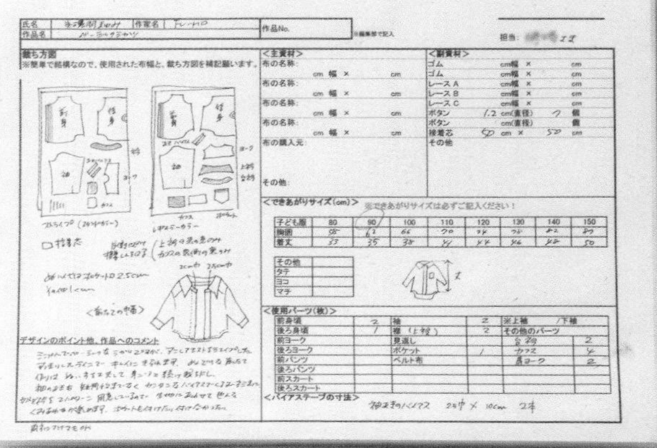

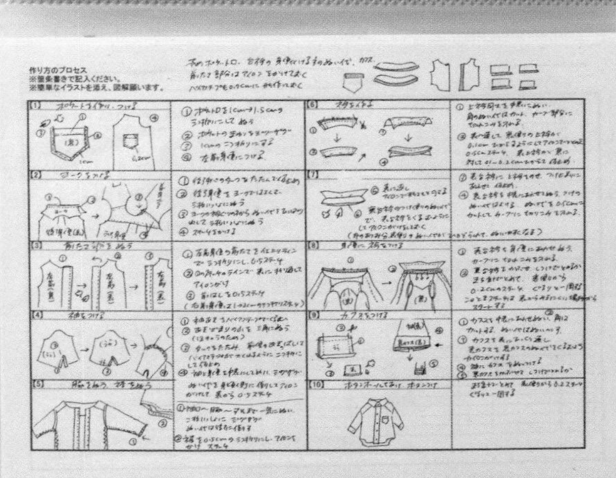

我还会用无印良品的文件夹收纳衣服的设计图。这款文件夹从侧面放纸，不但拿取方便，文件也不易掉落。无印良品的另一个优点是会持续生产同一种产品，这样使用起来更顺手，还能保证收纳的统一性。

衣服的设计图我会收纳在文件夹里。因为经常会拿出来做一些修改，所以很看重拿取方便这一特点。

基本情况

美浓羽真由美
（Minowa Mayumi）

跟丈夫、女儿、儿子一起生活在屋龄 90 岁的老房子里。以给女儿做衣服为契机，开始从事服装设计工作。2008 年，用“FU-KO Basics”的笔名出道，以服装设计师和手工研究家的身份活跃至今。

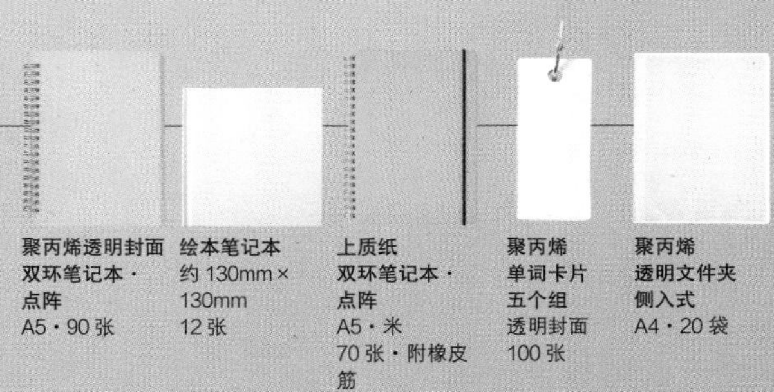

聚丙烯透明封面双环笔记本·点阵
A5·90 张

绘本笔记本
约 130mm×130mm
12 张

上质纸双环笔记本·点阵
A5·米
70 张·附橡皮筋

聚丙烯单词卡片五个组
透明封面
100 张

聚丙烯透明文件夹侧入式
A4·20 袋

Chap.2 / 用法

Case.06

出云义和 先生

文具·旅行文章撰稿人

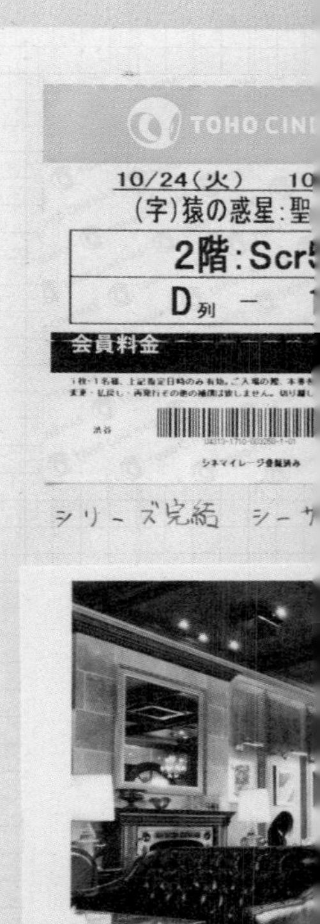

刚开始接触手账时，我对一日一页的手账本很感兴趣，但觉得价格偏高。正在犹豫的时候，发现了无印良品的这款再生纸笔记本（5mm方格）。与其他手账、日程本相比，它的性价比要高得多。而且它非常便携，用钢笔写字又不会透，特别合我心意。我的具体用法是，早上先整理当天需要做的事情，然后写下“TO DO”。然后，到晚上睡觉前，我会回顾一整天的事件并做记录。我的“TO DO”、事件记录都是程式化的。页面左侧会记录前往的地点和时间，右侧则记录起床时间、睡觉时间和当天遇到的人。下侧记录“TO DO”及当天的新闻或大事件。天气我一般会用简洁的符号表示。写字时，我会尽量在一个格子里写一个字，这样比较整洁清晰，以后再翻看也能很快找到想要找的东西。

一个格子里写一个字，注重小细节的人生记录手账。

封面

本子封面会贴上写着“LIFE-LOG NOTE”和编号、日期的贴纸。这样在之后想找东西时，只要看封面的日期就好了。

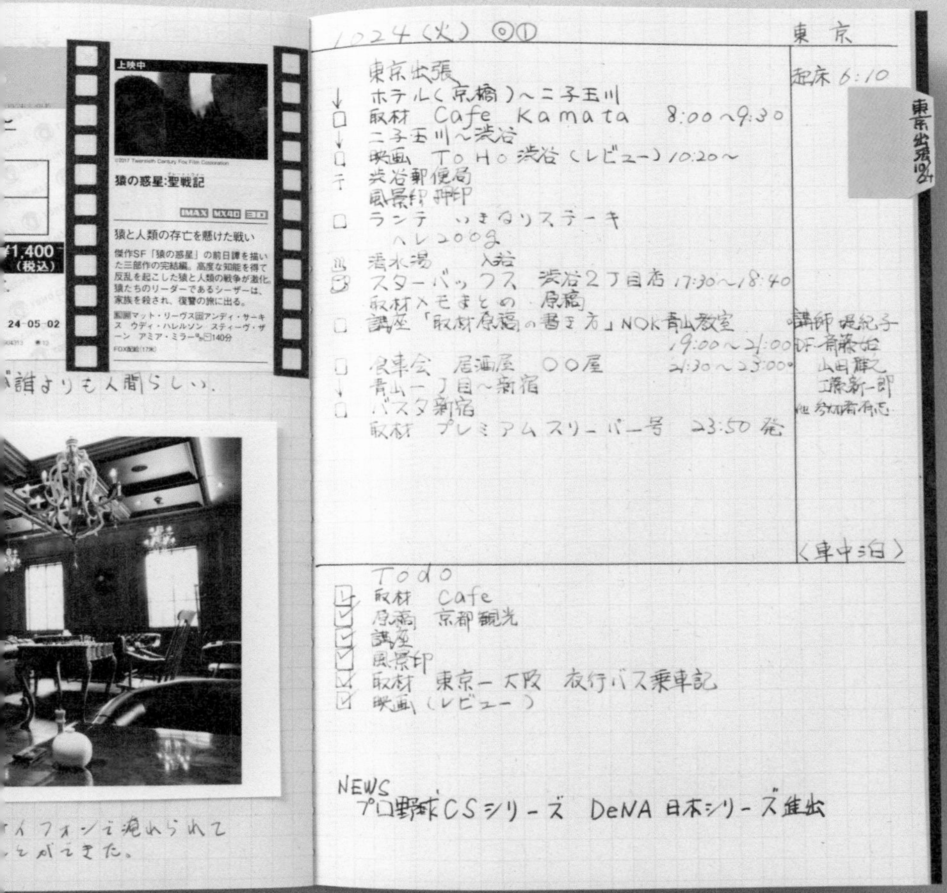

2017年10月期

日付	曜日			
10/1	日	大阪	SONY 開発者トークショー（梅田）	
10/2	月	奈良	企画書、取材アポ	
10/3	火	奈良	原稿、スポーツジム	
10/4	水	大阪	リヒトラブ（谷町）	
10/5	木	奈良	原稿、スポーツジム	
10/6	金	奈良	取材	
10/7	土	神戸	手帳イベント、飲み会	
10/8	日	奈良	書と買物	
10/9	月	奈良	原稿	
10/10	火	大阪	スポーツジム、取材	
10/11	水	東京	取材、E出版社	ホテル泊
10/12	木	東京	取材	
10/13	金	奈良	写真編集	
10/14	土	大阪	打合せ　○○さん来訪、食事	
10/15	日	奈良	原稿、かき氷（ほうせき箱）	
10/16	月	奈良	Buffet	
10/17	火	奈良	原稿、スポーツジム	
10/18	水	奈良	原稿	
10/19	木	大阪	ぶんぐ博、打合せ（梅田）歯科	
10/20	金	奈良	原稿、企画書	
10/21	土	神戸	取材　文具イベント、食事会	
10/22	日	奈良	選挙、原稿	
10/23	月	奈良	原稿　→東京	ホテル泊
10/24	火	東京	取材（Aカフェ）映画、NHK講座、食事会	夜行バス
10/25	水	大阪	取材、打合せ	
10/26	木	大阪	取材（梅田、N文具センター）	
10/27	金	京都	取材（T文具店）	
10/28	土	奈良	原稿	
10/29	日	奈良	原稿	
10/30	月	奈良	取材（柏原○○交通）	
10/31	火	奈良	原稿、スポーツジム	

Case.06 出云义和 先生

文具、旅行文章撰稿人

一个本子里包含了一整个月的回忆。

无印良品的这款 5mm 方格笔记本一共有三十页，正好够我用一个月（工作日一日一页，周末两日一页）。本子的第一页我会贴上自己制作的当月日历（上图）。我平时有很多采访工作，经常需要出差，所以也要写上工作地点。对页的左页我一般会贴上一些纸品，比如电影票、展览的门票、收到的明信片等。右页则用来写当天的“TO DO”和事件等。这种模式被我称为“paste & write”，我非常喜欢这种记录方式。

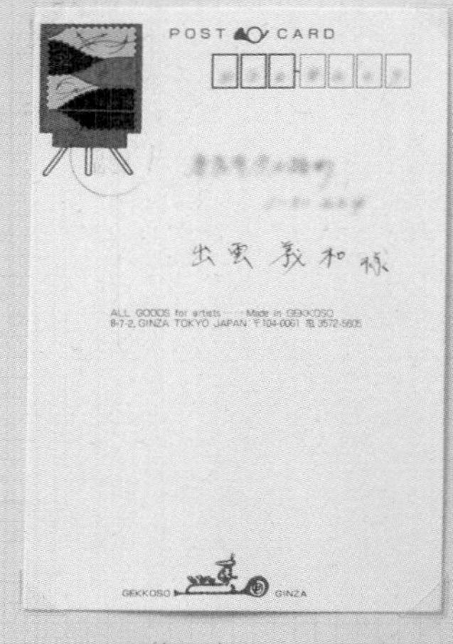

左页会贴一些纸品，比如朋友寄来的明信片或剪报等。

采访时经常需要拍摄一些短片，这时就用到了无印良品的四格笔记本・迷你版。我会将想拍摄的镜头画在格子里，这样拍摄时脉络就更清晰了。具体用法是，先在四格笔记本上画好分镜，然后将整页裁下来，再打孔收纳到活页夹里。一般在左页放画好的分镜图，右页放一张横线纸，记录每个镜头的要点。此外，这本活页夹的封面也是用无印良品的文具 DIY 的。

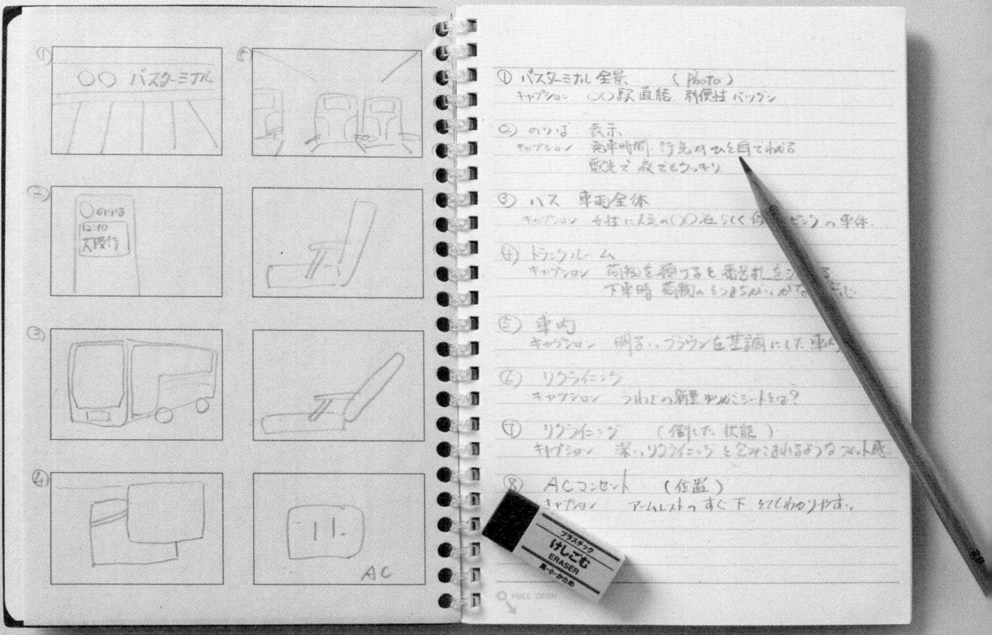

基本情况

出云义和（Izumo Yoshikazu）

喜欢用无印良品文具的自由撰稿人。每年有 100 天以上的时间在外旅行，比较关注文具和旅行的契合度。博客名称为“出云爸爸 cafe”。

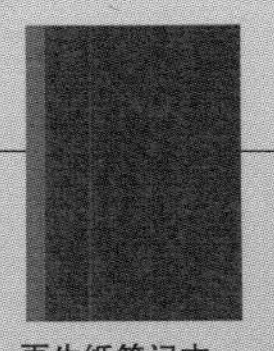

再生纸笔记本
5mm 方格
A5・深灰
30 张・线装

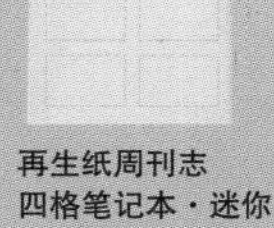

再生纸周刊志
四格笔记本・迷你
A5・88 张

除笔记本外，我还喜欢用无印良品的原浆纸索引标签纸和塑料橡皮。黑色的橡皮擦出的屑也是黑色的，掉在桌子上一目了然，很容易清理。

Chap.2 / 用法

Case.07

蓝玉 小姐

手账研究家

手账每天都要用，所以马虎不得。

起初我用的是一日一页的手账，但在使用过程中我发现，有时会写不满一页，有时一页又完全不够写。为了更灵活自由，我将一日一页的手账换成了普通的笔记本，当时选择的就是无印良品的双环笔记本。这款本子的优点太多了，比如它的四个角是圆角，拿的时候即使碰到，

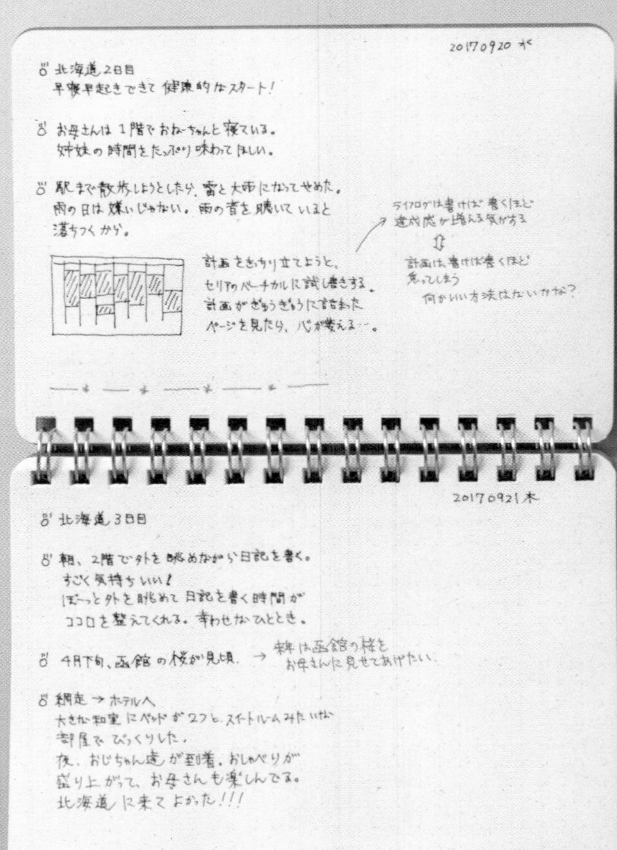

横向使用能避开线圈，写起字来更顺手。用的时候不一定是一日一页，但日期变更时，我会用绿色的笔画出分隔线。

也一点都不疼。它的封面是牛皮纸，质地很硬，可以直接拿着它站着写字。它的线圈很结实，内页不会轻易掉出来。里面的点阵颜色也很淡，画画写字都不受干扰。我会在早晚用它记日记，白天想到什么也会随手记在上面。在用法上我没有太多讲究，只有一点，那就是横着写。我会将主要内容记在左页，右页留白，等以后有什么想法再用红笔写出。横着写空间比较大，容易激发创作灵感，而且以后翻看时也更一目了然。除了这款线圈本，我还很爱用无印良品的一日一页笔记本。我经常到各地参加手账聚会，每次去我都会带着这个本子，请各地的手账爱好者在本子上写一些东西。

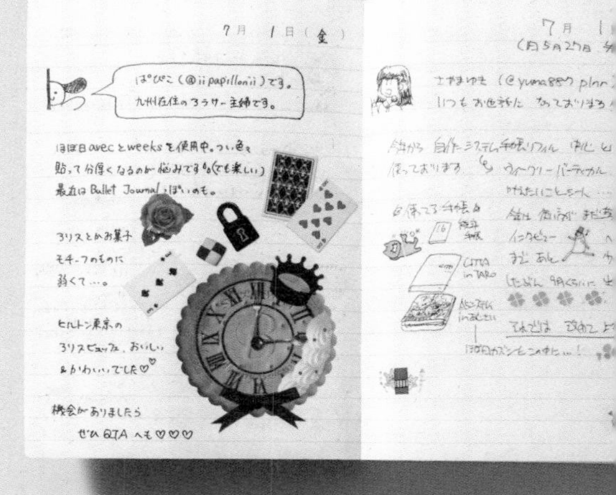

基本情况

蓝玉（Aidama）

手账研究家。经常在名为“蓝玉 style”的博客上发表手账相关的文章。曾多次登上杂志专栏和电视栏目。著有《写写看吧》（日本KADOKAWA）等书。

上质纸
双环笔记本
点阵
A6・米
70张・附橡皮筋

上质纸
一日一页笔记本
文库本尺寸

Case.08

金子由纪子 小姐
自由撰稿人

无印良品刚刚推出四格笔记本时，我买了一些来做版面设计。后来越用越顺手，就渐渐开发出了别的用法，比如这本“穿搭手账”。我的灵感来自小时候玩过的娃娃换衣服贴纸，用这种自由组合的方式整理衣服和穿搭再合适不过了。制作时我只用右侧的页面，具体用

有趣又实用的穿搭手账，可以避免重复购物。

记录时不用考虑季节和顺序。买了新衣服或处理了旧衣服，还可以随时更新。

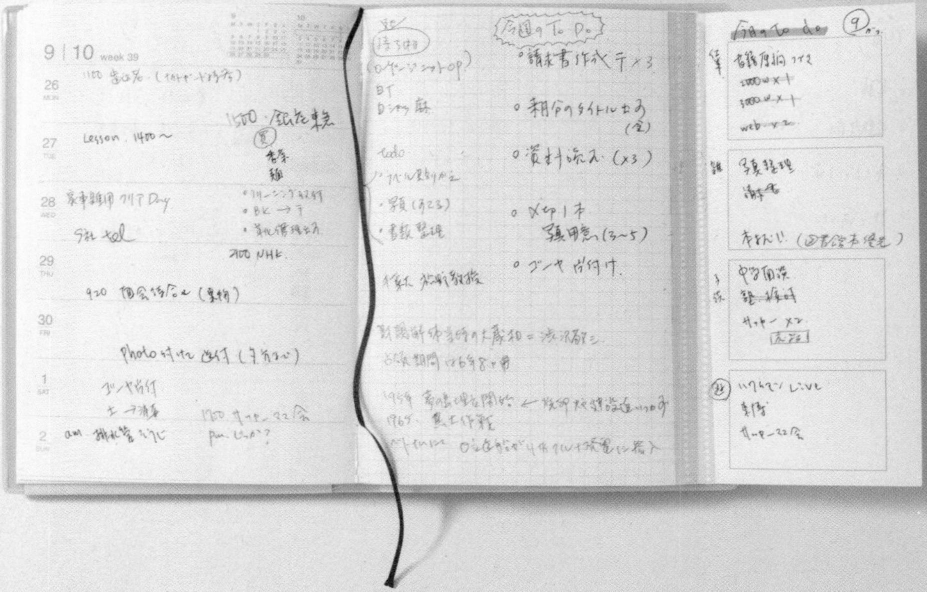

法是，每页第一排左侧画上衣、右侧画外套，第二排左侧画内搭，第三排左侧画下装，第四排左侧画鞋子。画好后用彩色铅笔简单上色，再将这四排剪开，就可以自由组合了。将平时的衣服画在本子上，就会发现“原来我有四件毛衣啊”“我的衣服都是蓝色的”，这样不但整理衣服时更方便，还能避免重复购买。除了上面提到的四格笔记本，我还很喜欢无印良品的月计划、周计划笔记本，这款笔记本我已经连续用了十年了。它的数字和格子颜色很淡，写字的时候一点都不碍事，而且纸质也非常好。使用时，我会用胶带在月末那一页贴一张四格便笺纸，来记录当月的“TO DO”事项，这算是我的独创用法。

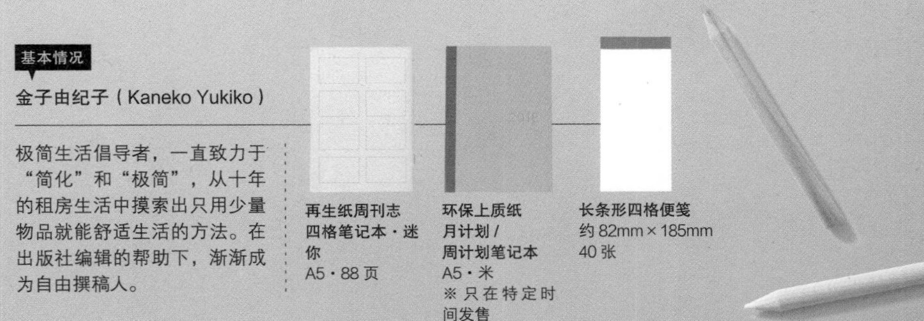

基本情况

金子由纪子（Kaneko Yukiko）

极简生活倡导者，一直致力于“简化”和“极简”，从十年的租房生活中摸索出只用少量物品就能舒适生活的方法。在出版社编辑的帮助下，渐渐成为自由撰稿人。

再生纸周刊志四格笔记本・迷你
A5・88页

环保上质纸月计划／周计划笔记本
A5・米
※只在特定时间发售

长条形四格便笺
约82mm×185mm
40张

Case.09

Yupinoko 小姐

DIY 爱好者

DIY 设计手账，将有关作品的一切记录在里面。

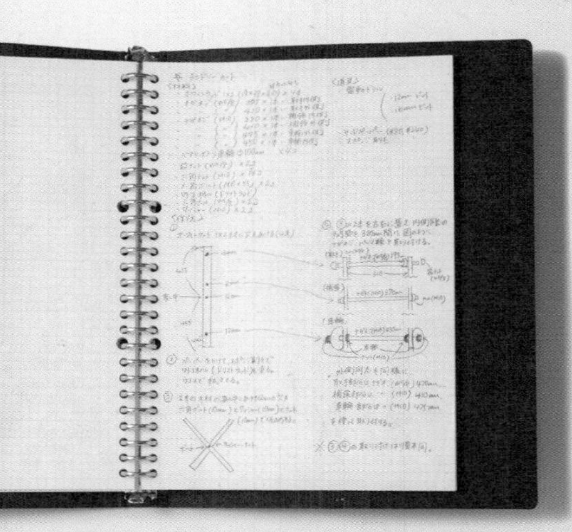

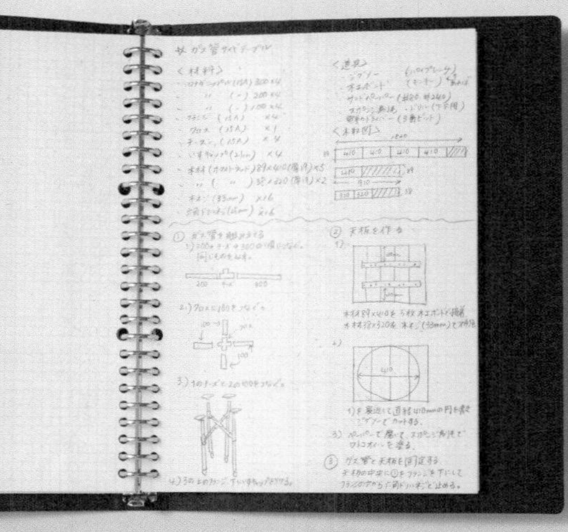

采购物品时我会带着这本活页夹，开始制作后也会放到一旁做参考。

我平时会设计和制作一些家具或杂货。设计好之后，我会将制作方法、需要的工具、完成图等详细记录在无印良品的活页纸上。我用的是方格型的活页纸，上面有画好的格子，这样即使不用尺子，也能画出工整的线条。每次采购我都会带上无印良品的活页夹（封面是深灰色的，看起来很有品质）。为了减轻重量，我会将多余的纸拿下，只保留采购时需要的纸张。无印良品的活页纸质量很好，用圆珠笔写起来很顺手，而且打印时也不会透到背面，我非常喜欢。活页夹封面用的是再生纸，非常结实，用了很多年四个角也没有变形。

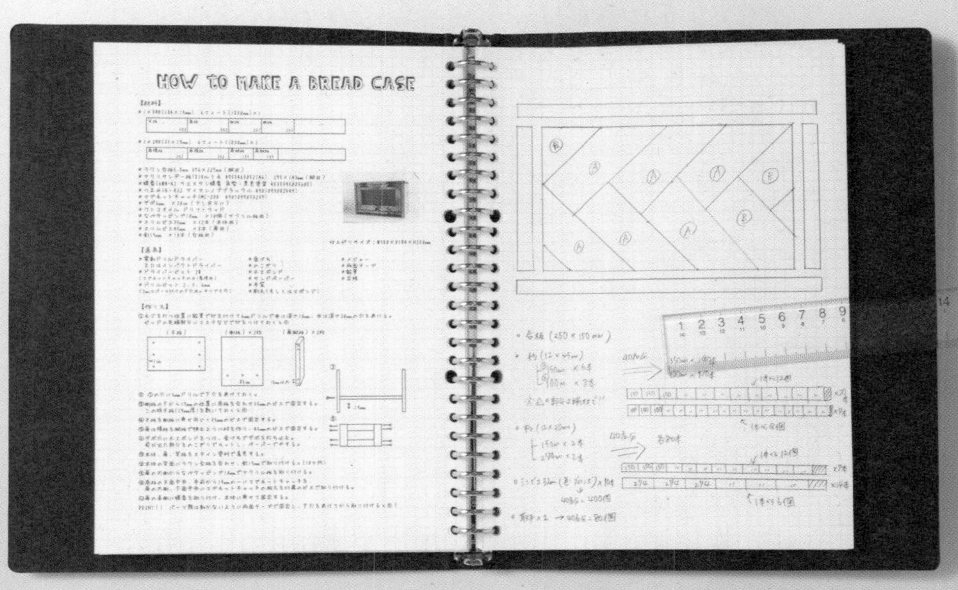

无印良品的自动铅笔和铅芯也是我常用的文具。无印良品的尺子，我也很喜欢。

基本情况

Yupinoko

居住在日本福冈的 DIY 爱好者。经营着一间名为“Y.P.K WORKS”的网店，主要出售自主设计的家具和杂货。经常到各地举办讲座。著有《DIY & INTERIOR STYLE BOOK》（日本 mediasoft）一书。

植林木
背面字迹不易透过活页纸
B5・5mm 方格
26 孔・100 张

再生纸
活页夹
B5・26 孔
深灰

Case. 10

Tonoel 小姐

收纳整理咨询师

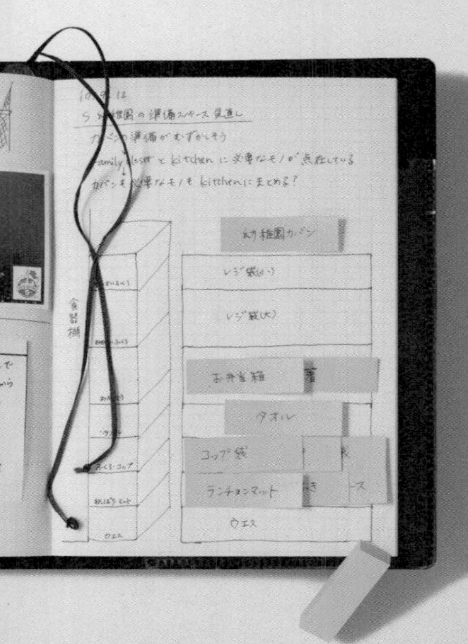

这是用来规划收纳空间的本子。与下方和左页介绍的“搬家手账”一样，用的也是5mm方格笔记本。规划过程中，便利贴派上了很大用场。

教你快速搬家的秘诀，便利贴的用法也很值得借鉴。

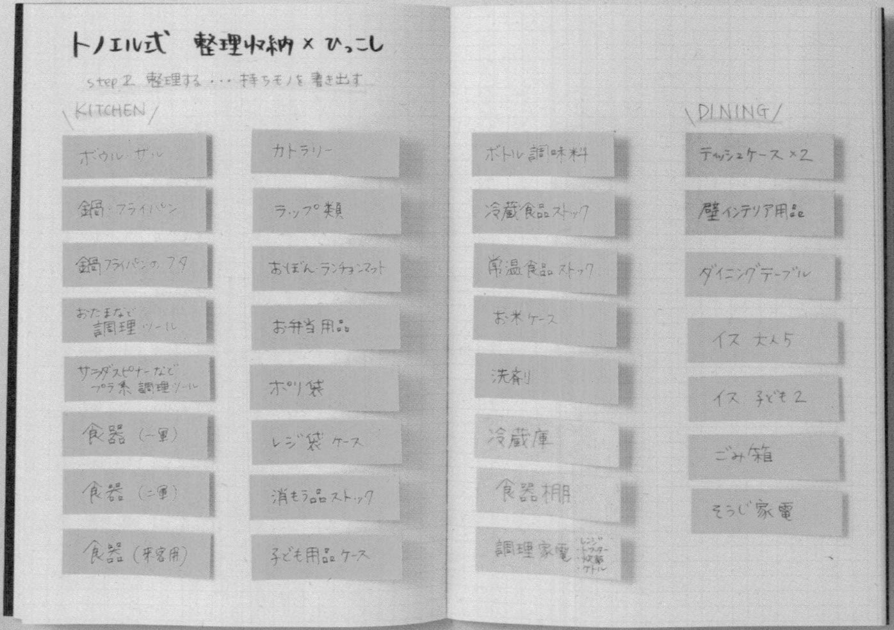

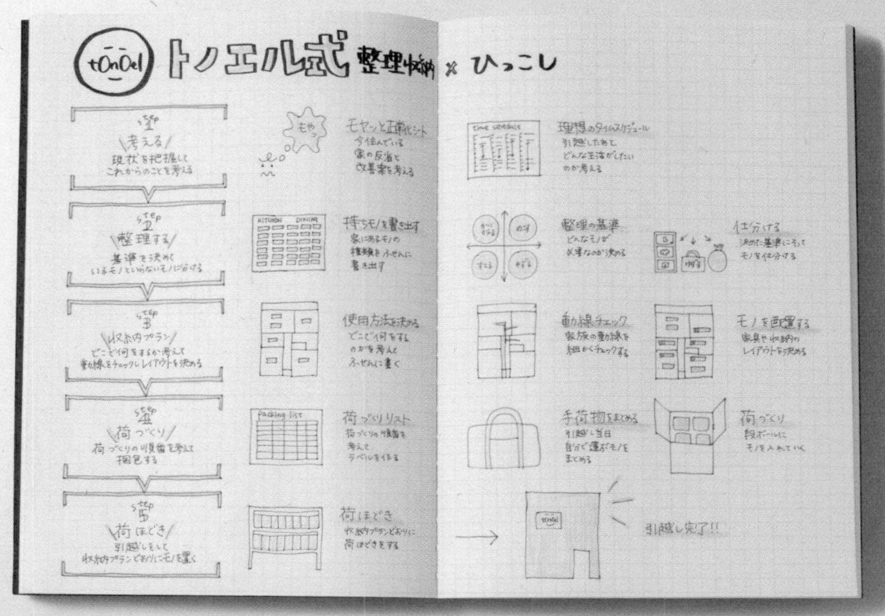

由于丈夫工作的关系，我们前前后后搬了八次家。在搬家过程中，渐渐积累了一些经验，为了在 Instagram 上分享给大家，我制作了这本搬家手账。搬家时会有很多细节的东西，我觉得还是配上插图更生动，所以选择了无印良品的 5mm 方格笔记本。p122 中本子上贴满便利贴的图片，是进行到“将家里所有的东西都写下来”这一步时的页面。写的时候要分成不同的房间，然后将物品分为“要的”和“不要的”。无印良品的植林木便利贴写起来很顺手，而且有不同的颜色，很适合用来分类。

基本情况

Tonoel

收纳整理咨询师。整洁干净却不过分关注细节是 Tonoel 特有的收纳整理理念。八年间经历了八次搬家。

再生纸笔记本
5mm 方格
A5・暗灰
30 页・线装

Case. 11

上原咲子 小姐

家庭主妇

这本手账与用来回顾的日记不同，它的作用主要是帮助“当下的自己”。对我来说，将心里想的写下来，是最好的减压方法。

怀孕后我回了娘家，时间比较充裕，所以想写点东西记录生活。当时逛无印良品，正好发现了这款笔记本。本子上的介绍让我很惊讶，原来无印良品也出了可以用钢笔写字的本子了，于是兴奋地赶快买回家。孩子快出生时，我想着一定要记录这件人生大事，就带着这个本子去了医院。后来，我也一直用它随手记东西。这款本子很便宜，尺寸不大，可以直接放到包里。它的封面很结实，拿取时稍微粗暴点也不容易损坏。内页的纸质更是棒极了，写起来手感很好。现在，这款笔记本已经成为我生活中不可或缺的一部分。

基本情况

上原咲子（Uehara Sakiko）

居住在日本神奈川的家庭主妇。与丈夫和儿子一起生活。爱好是读书、刺绣、画画。性格直爽，特别喜欢好吃的食物、可爱的小物件以及一切好玩的事。

上质纸
手感顺滑笔记本
B6・72 页
6mm 横线

不是缅怀过去，
也并非展望未来。
只为“当下的自己”
书写和记录。

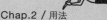

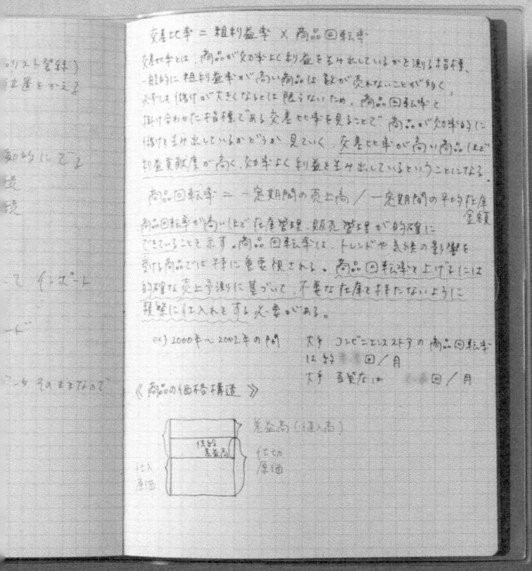

Special

无印良品社员 1

用黑白的本子才可以自己随意配色。

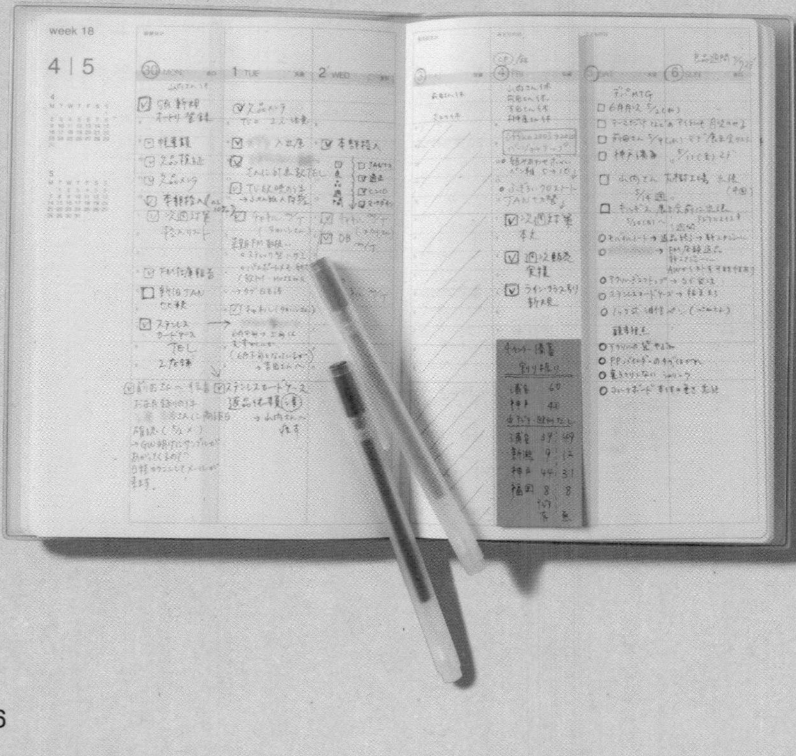

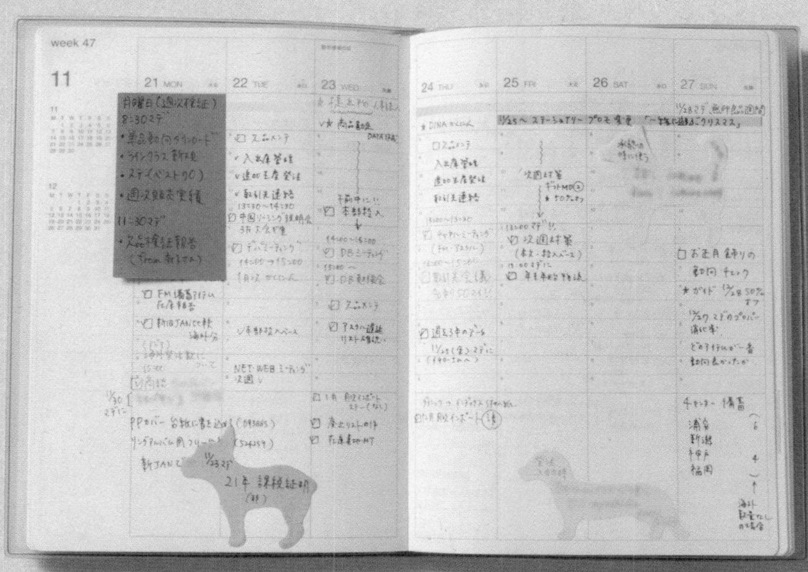

我一直用这款本子当工作手账，前后加起来已经有七年了。其他品牌的日程本，周末和节假日一般都用红色印刷，这款本子却是用黑色印刷的。因为整体是黑白色调，自己写的日程就更显眼，而且还可以用不同颜色代表不同的事项，比如蓝色代表常规工作，红色代表突发事件等。这款本子的留白空间也很多，可以自己DIY一些东西。

基本情况

佐藤厚子（Satou Atsuko）

【部门】
生活杂货部 文具组
【工作内容】
文具的研发等

环保上质纸
纵向时间轴
月计划 / 周计划
A5・黑

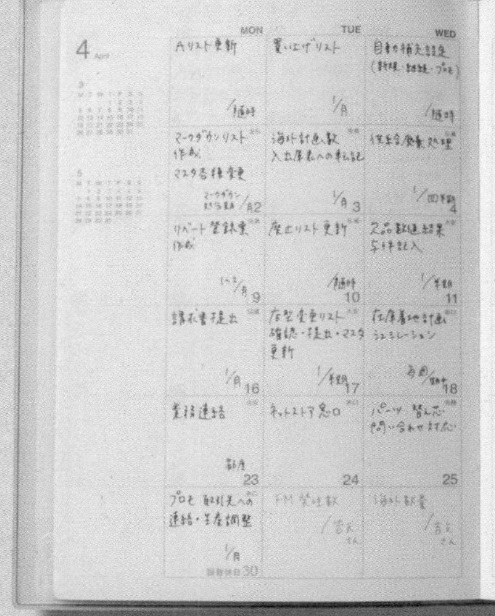

纵向时间轴可以帮我分配和管理一整天的时间，我非常喜欢。用同一款手账，将来回顾时也会更方便，所以我一直使用至今。

“这种用法不对？”不不不，其实，根本就没有固定模式。

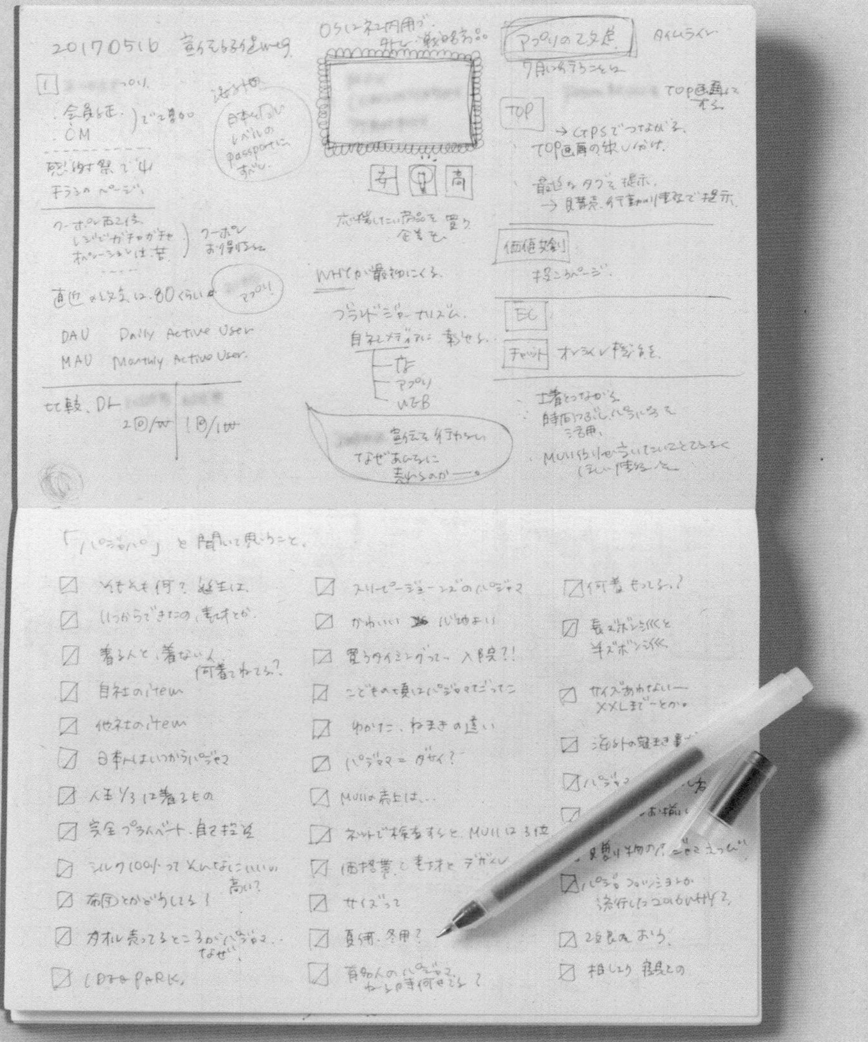

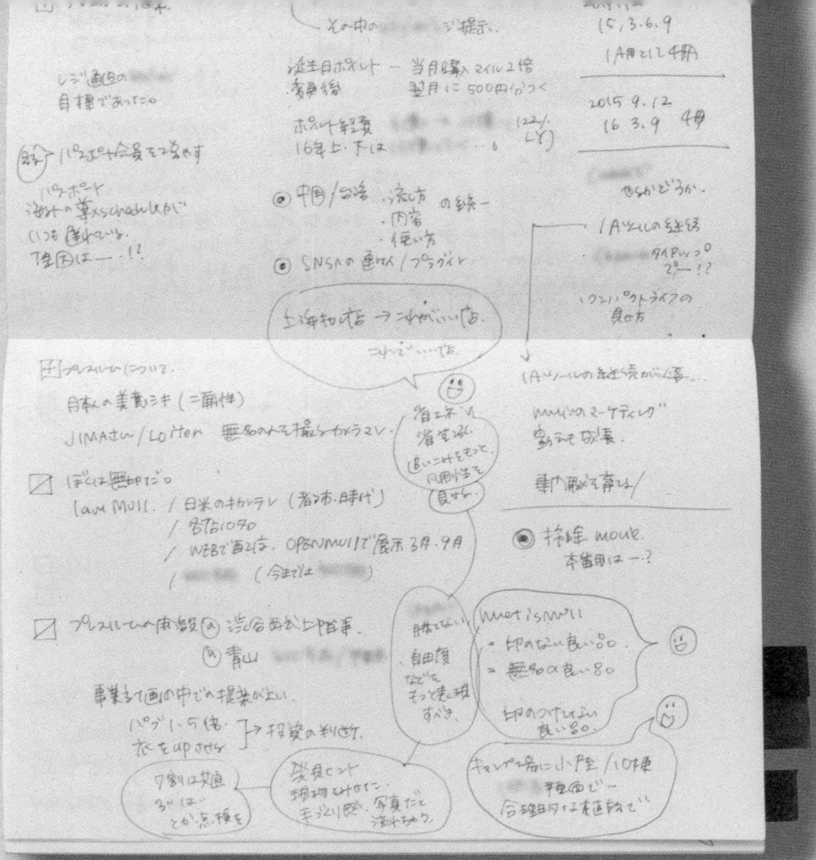

使用 A5 笔记本时，我喜欢平摊并掉转方向后当成 A4 尺寸的纸来使用。这样不但书写的空间变大了，以后再回顾也能一次看到更多信息。这款笔记本很容易平摊，书写起来一点障碍都没有。除了文字，我还会画一些小图或表格类的东西，所以选择了点阵型的内页。

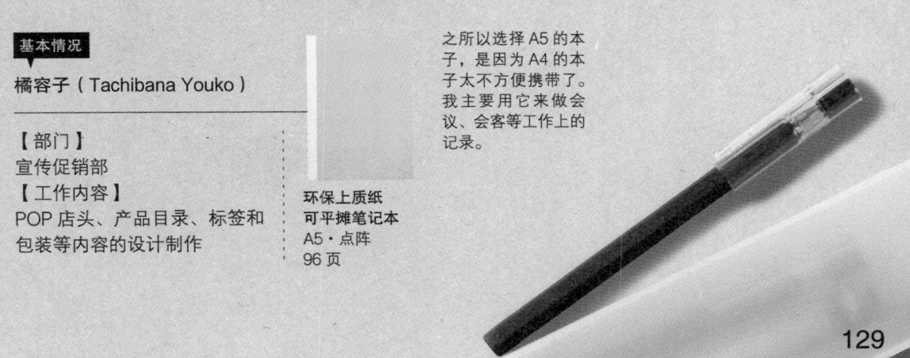

基本情况

橘容子（Tachibana Youko）

【部门】
宣传促销部
【工作内容】
POP 店头、产品目录、标签和包装等内容的设计制作

环保上质纸
可平摊笔记本
A5・点阵
96 页

之所以选择 A5 的本子，是因为 A4 的本子太不方便携带了。我主要用它来做会议、会客等工作上的记录。

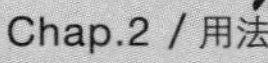

空白内页，有它存在的理由。

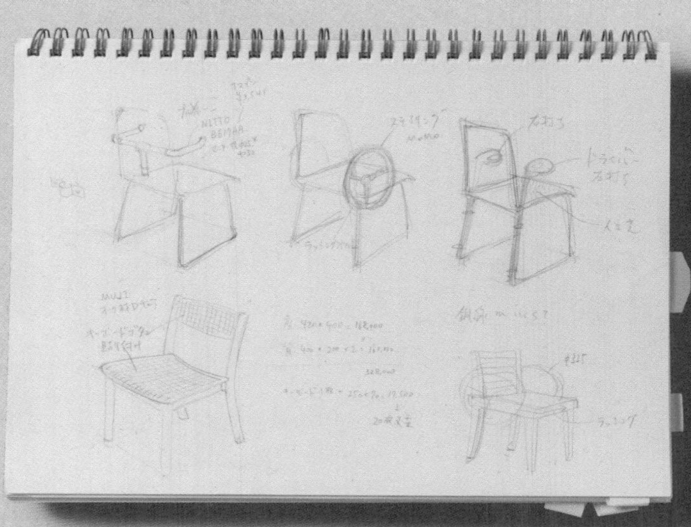

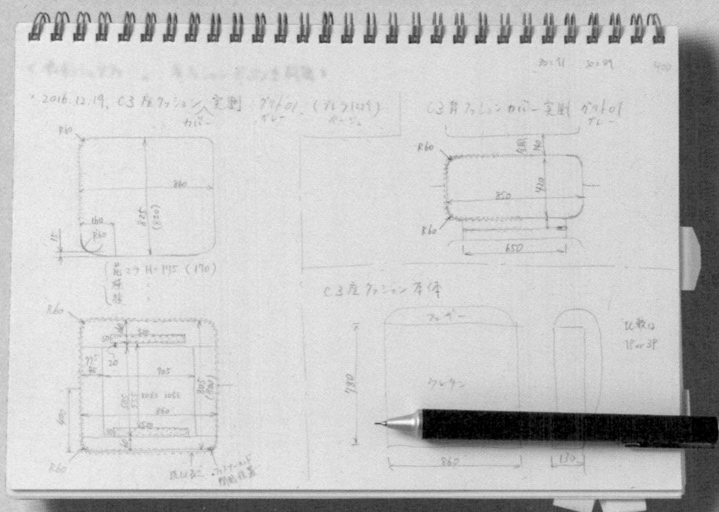

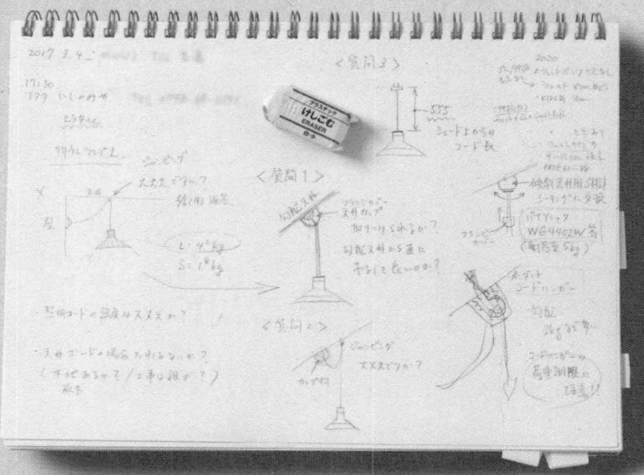

我会在几乎没人会用的封皮背面（下图）贴便利贴，把它当作一个小备忘录。

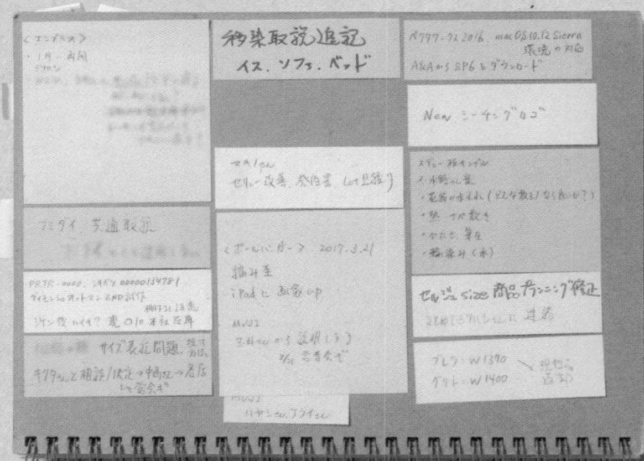

我的工作主要是研发家具，比起写字，我更喜欢直接画草图，所以就选择了这款空白内页的笔记本。开始使用它的契机是两年前看到同事在用，于是自己也模仿起来。结果越用越顺手，现在甚至到了非它不可的程度。这款本子封面用的是厚牛皮纸，外出时直接放到包里也不会折损，这一点我非常满意。用的时候，我只在其中一面写写画画，另一面留给以后追加信息用。本子上的内容看起来很杂乱，不过只要自己能看懂就可以了。

基本情况

秋田真吾（Akita · Shingo）

【部门】
内装事业部
【工作内容】
家具产品的研发和品质管理等

再生纸双环
笔记本 · 空白
B5 · 米
80 页

Special | 无印良品社员 4

利用细长型笔记本空间充足的特点，制作带草图的工作手账。

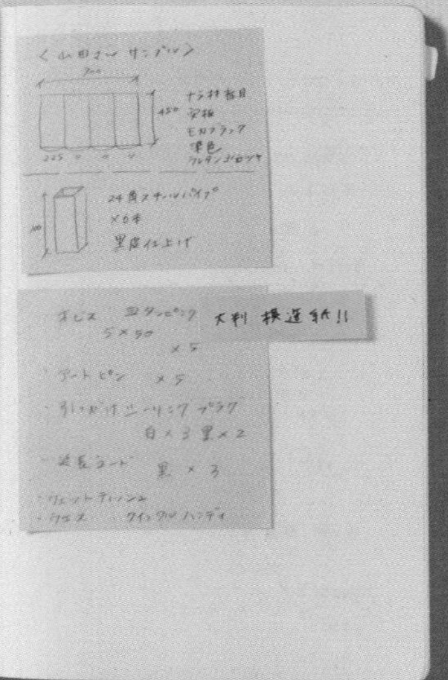

我很喜欢这款笔记本，它是细长形的，即使在上方画一条线来标注日期，下方也有充足空间写字。有时我会画上家具的草图，然后在旁边记一些要点。

基本情况

野元步美（Nomoto Ayumi）

【部门】
内装事业部
【工作内容】
为样板间搭配家具、研发定制家具等设计方面的工作

上质纸
细长型笔记本・空白
A5・细长
※2018 年 4 月上市

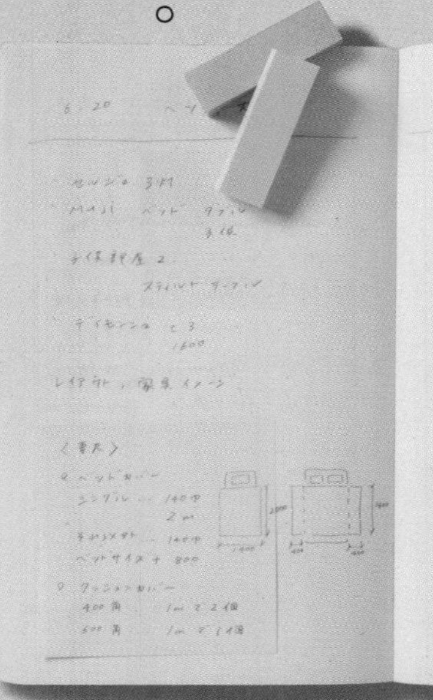

需要经常回顾的内容，我会写在便利贴上，然后贴在相关页面上，这样后期找起来更方便。

我用无印良品的免费印章来装饰封面，其中四本封面上印了地图，然后在地图上标出国家的位置。多出的一本就来当“什么都可以写的本子”。

用本子自有的颜色和封面印章来区分用途。

这套本子虽然是同一系列，但五种颜色很容易区分开。我一个人要负责日本、中国、新加坡等国家和地区的工作，于是分别用不同的本子。这款笔记本是B5的，大小正合适，而且页数不多，随身携带也毫无压力。

基本情况

宇田爱（Uda Megumi）

【部门】
内装事业部
【工作内容】
日本以及其他国家、地区的店铺协调、策划、运营等工作

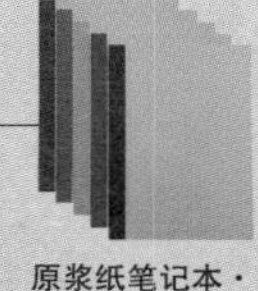

原浆纸笔记本·五册组
B5·30页
6mm 横线
5色

Tax-free

Chap.3

收纳

买了文具后，还需要找地方收纳它们。这时，无印良品的收纳产品就派上用场了。无印良品的收纳产品有很多系列，下面就按照材质详细为大家介绍。

采访、撰写

[日] Tonoel

收纳整理咨询师。整洁干净却不过分关注细节，是 Tonoel 追求的理想生活方式。在八年中，前后经历了八次搬家。现在跟丈夫、女儿和儿子一起生活在屋龄 20 岁的出租公寓中。

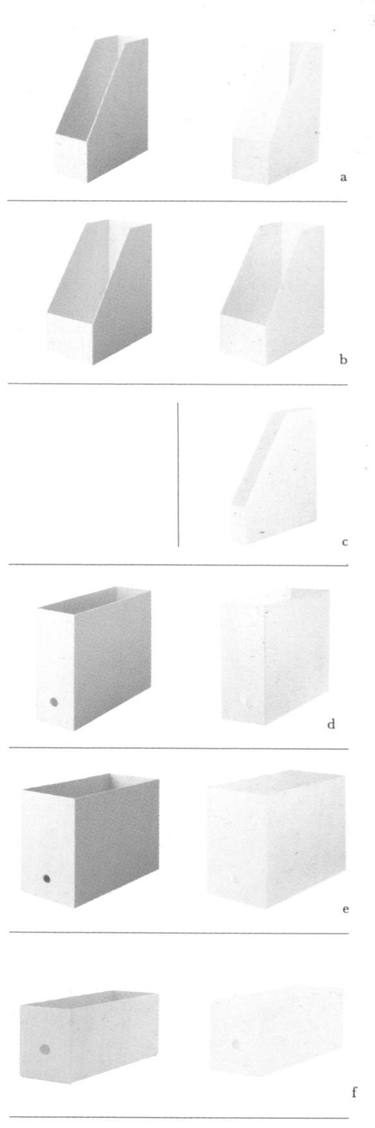

a. 聚丙烯立式文件盒・A4 用 /b. 同上・宽型・A4 用 /c. 同上・窄型 /d. 聚丙烯文件盒・标准型・A4 用 /e. 同上・宽型・A4 用 /f. 同上・1/2
※a.b.d.e.f 的左侧都是灰白色款

No.01 聚丙烯收纳系列

文件盒

polypropylene made storage: file box

聚丙烯是无印良品最常用的材料之一。聚丙烯收纳系列中最先诞生的就是这款立式文件盒。当时的制作初衷是为办公室收纳文件提供便利，但如今它的用途越来越广泛，很多家庭也会用它收纳洗漱用品或厨房杂物。聚丙烯材质的文件盒比纸质的坚固很多，而且整体半透明，可以看到里面放的东西，这样后期找东西就方便许多。这款立式文件盒是无印良品应用最广的产品。宽窄不同的文件盒放在一起却显得很统一，这也是它广受喜爱的原因之一。

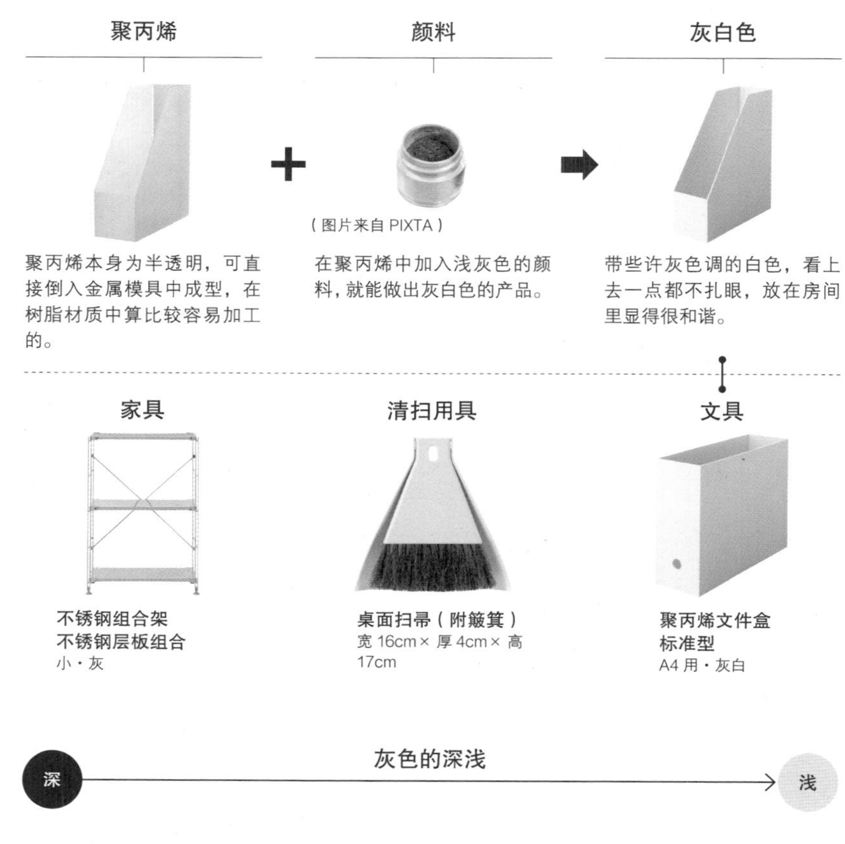

你喜欢半透明的，还是灰白色的?

聚丙烯不但容易成型，价格也相对便宜，所以无印良品的聚丙烯产品性价比都很高，这也是它们受欢迎的原因之一。刚开始，无印良品只生产半透明的收纳用品，但后来考虑到有些人不希望自己的东西被别人看到，就在 2004 年推出了灰白色的收纳系列。之所以选择这个颜色，是为了体现无印良品低调的风格。纯白色的东西放在家中很扎眼，而略带灰色调的白色，更容易与家里的装潢融为一体。另外，虽然同样是灰白色，但不同类别的产品颜色深浅略有差别。文具用的颜色更亮（更接近白色），清扫用具的颜色会暗一些。

随着时间的推移，无印良品陆续推出了不同尺寸的文件盒。首先是2006年推出的窄版文件盒，这款文件盒的设计初衷是让人们放在固定电话旁，收纳电话本和报纸等。到2012年，无印良品在很多国家都开设了店铺，为了应对海外市场，他们又推出了宽版文件盒。当时，无印良品想用宽型文件盒配合50mm厚的双孔活页夹打开英国市场，但结果出乎意料，宽型文件盒在英国销量不佳，反而在日本本土大受欢迎。这款文件盒上市后，我也开始用它收纳书本、绘画工具、纪念品等。到了2017年，无印良品继续推出了1/2尺寸的文件盒。它的高度只有普通文件盒的一半，收纳时拿取东西比较方便，现在也成了无印良品大受欢迎的产品之一。

文件盒发展史

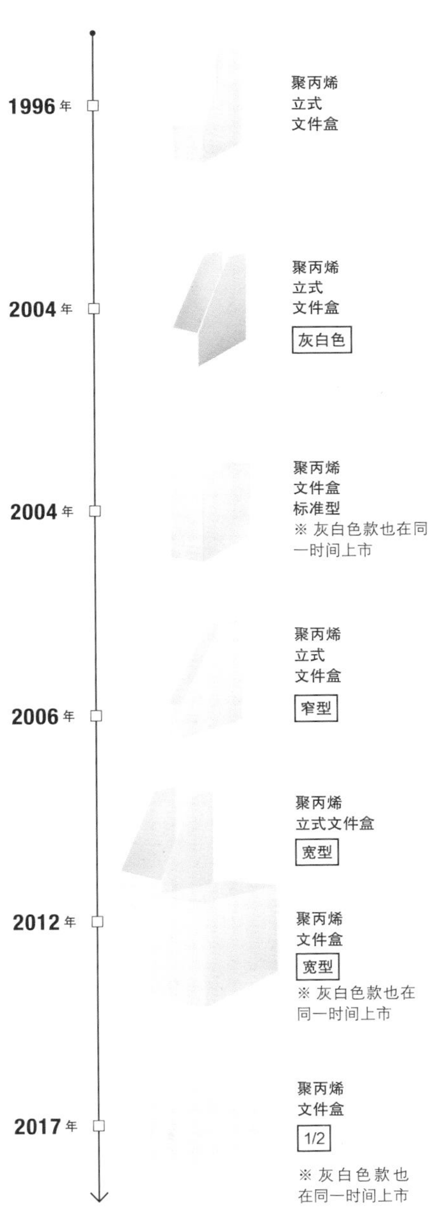

收纳文具这种小而零碎的东西时，最好将它们分门别类，这样后期拿取也更方便。最理想的状态是，东西一目了然，拿取时毫不费力。2009 年无印良品推出的收纳盒系列，就很符合这些要求。这个系列共有四款收纳盒，尺寸都以 20cm 为基准，四款收纳盒的长度为 10cm 或 20cm，宽度有三种，分别是 20cm × 1/3、20cm × 1/2、20cm × 2/3。这些不同尺寸的收纳盒能根据需要自由组合。从中可以感受到当时设计这款产品的人花费的心思。

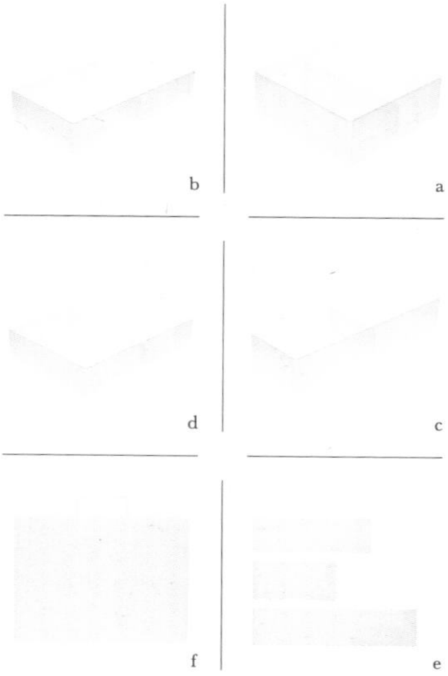

b a

d c

f e

a. 聚丙烯桌内收纳盒 -1/b. 同上 -2/c. 同上 -3/d. 同上 -4/e. 聚丙烯桌内收纳盒用隔板 /f. 可立式收纳文件包 A4 用

No.02

收纳盒

聚丙烯收纳系列

polypropylene made storag:
storage tray

什么样的抽屉都能使用。

收纳盒

※W= 宽、D= 长。高度都为 4cm

这套收纳盒的尺寸是按照一般办公室的抽屉设计的。四款收纳盒的长和宽都有共通之处，所以可以自由组合。

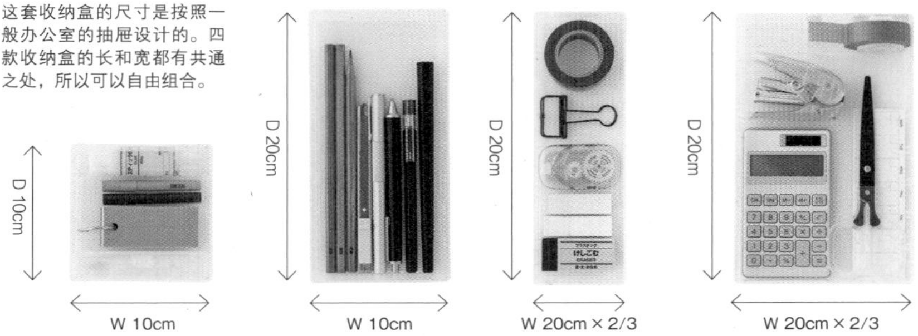

D 10cm
W 10cm
D 20cm
W 10cm
D 20cm
W 20cm × 2/3
D 20cm
W 20cm × 2/3

收纳盒①　收纳盒②　收纳盒③　收纳盒④

长度
② ③ ④
长度相同
① ② ③ ④
1/2
1
宽度
① ②
宽度相同
③ ④
1/2
1
① ② ③ ④
1/2
1/2
1/3
2/3
1

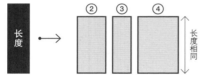

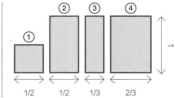

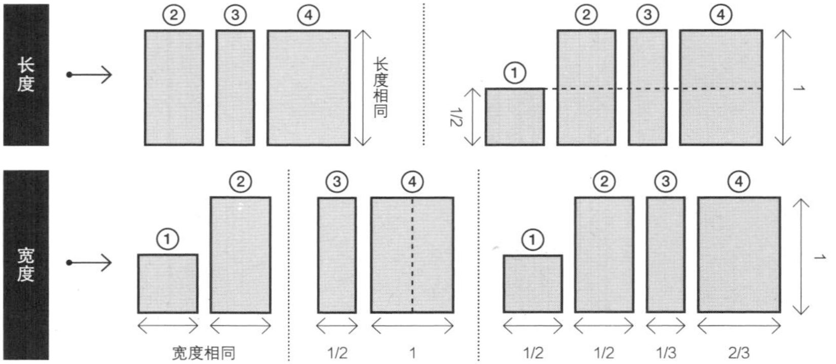

隔板

有了这三款隔板，使用的灵活性就更强了。可以根据想收纳的东西，将收纳盒分成二到八个格子。

收纳盒①②用
收纳盒③用
收纳盒④用
分成四个格子
分成八个格子
① ② ③ ④
※用隔板将收纳盒③分成了七个格子
1
2
3
4
5
6
7

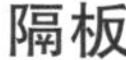

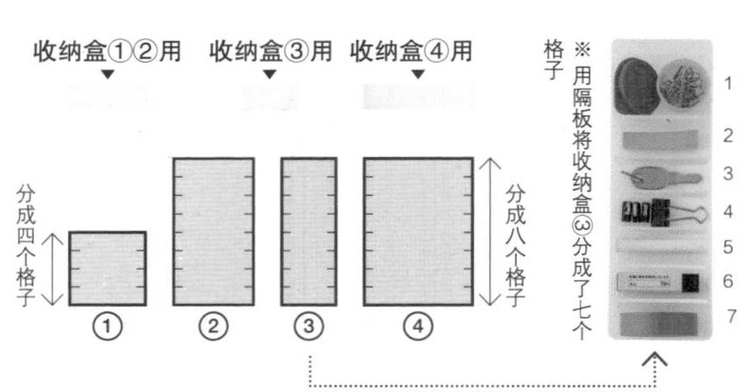

除了这套收纳盒，无印良品还有一款很受欢迎的收纳用品，就是前面出现过的“可立式收纳文件包 · A4 用”。这款文件包很适合装一些需要随身携带的东西，它参照的是德国的分隔式工具箱。据说，当时这款文件包的研发者在德国出差，发现了一款有很多小格子的便携式工具箱，就灵光一现，设计出了这款文件包。不过，那款分隔式工具箱里的格子是不能移动的，而无印良品则根据已经上市的收纳盒设计出了这款“有外壳的文件包”。用户可以根据需求放进不同的收纳盒，甚至可以从抽屉取出装着东西的收纳盒，直接放到文件包里。而且这款文件包是可立式的，它能像文件盒一样直接立在桌面上，整齐又清爽。

超强的收纳力

只要盖上盖子，这款文件包怎么放都可以，比如竖着塞进书柜的缝隙，或是直接摆在桌面上。

凸点的高度

设计人员在调整凸点高度时也花了很多心思。凸点太低收纳盒容易滑动，凸点太高又会影响整体外观。

底部有凸起的小点

这款文件包底部有一些凸起的小点，这样即使只放一个收纳盒，也不容易移动。

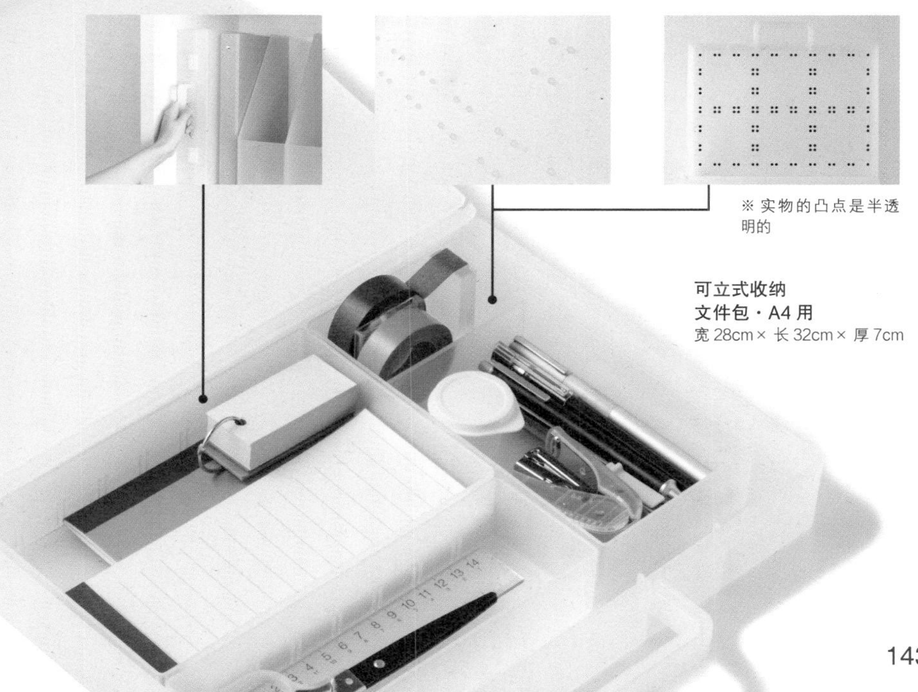

※ 实物的凸点是半透明的

可立式收纳
文件包 · A4 用
宽 28cm× 长 32cm× 厚 7cm

这套小物件收纳盒原本是面向学生群体的，很多人初次购入的无印良品收纳用品就是它。它的最大优点是设计简单且性价比高。与无印良品的其他产品一样，这套收纳盒的设计理念也是将主动权交给用户。它没有特定的用途，可以根据用户的需求任意使用。比如，铅笔盒可以用来装便当餐具或螺丝刀等工具。这套收纳盒也是半透明的，很适合装容易丢失的小东西。

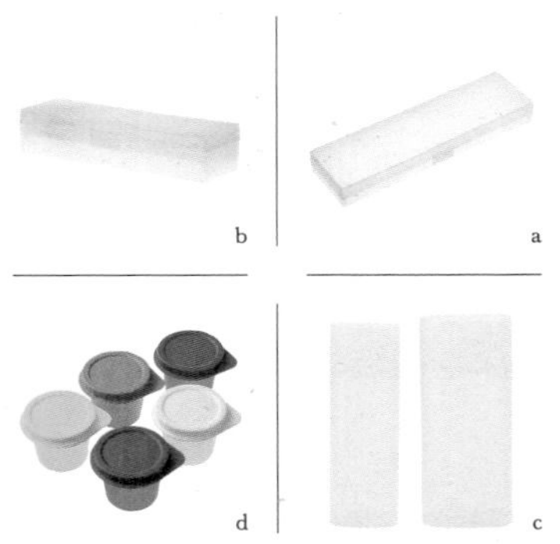

a. 聚丙烯笔盒・横版・小，约 170mm × 51mm × 20mm/b. 聚丙烯印章收纳盒・透明，带印泥 / c. 聚丙烯眼镜、小物件盒・立式，外尺寸：约长 7cm × 宽 4.4cm × 高 16cm（大）；约长 5.5cm × 宽 3.5cm × 高 16cm（小）/d. 聚丙烯小物盒，约直径 42mm × 高 33mm・5 色

No.03

聚丙烯收纳系列

小物件收纳盒

polypropylene made storage:
storage case

“我想要这个！”
让人很有购买欲望的收纳盒。

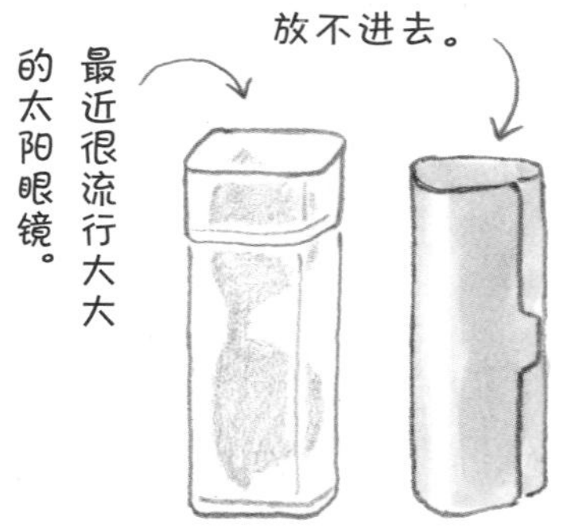
铝制的眼镜盒太小，
放不进去。
最近很流行大大
的太阳眼镜。

这套小物件收纳盒我买过很多次，所以一直很想知道它背后的故事。它的研发者曾经说过：“我们想推出顺应时代的产品。太超前的话根本卖不动，反而是稍微落后于时代的产品比较好卖。”这款“聚丙烯眼镜、小物件盒”就是这种理念下的产物。最近，学生们开始不在自己的房间学习，而更倾向于在咖啡馆或客厅学习。无印良品的人看到这一现象，突然想到“这些桌面空间不大，如果有一款能立在上面的笔盒就好了”，于是就研发出了这款产品。此外，现在很流行镜框很大的眼镜，无印良品以前推出的铝制眼镜盒是放不下的，所以设计时特意加大了尺寸。这款收纳盒主要面向学生群体，定价不能太高，就使用了成本较低的聚丙烯材料。用合适的价格出售人们需要的东西，而且连推出产品的时机都把握得这么好，这些都体现了无印良品在研发产品时的用心。

无印良品的小
物件盒
现在的学生们经常
在咖啡馆学习。

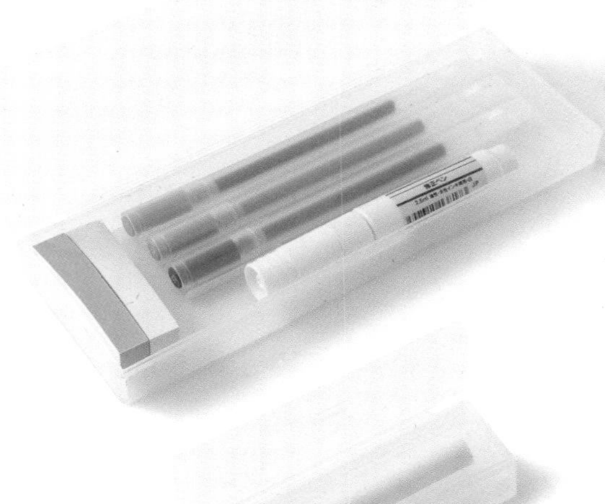

聚丙烯
笔盒（横型）
1999 年上市

我在学生时代用的就是这款笔盒。它是无印良品的经典文具，这么多年来销量一直很好。

聚丙烯
印章收纳盒
2007 年上市

这款印章收纳盒我现在还在使用。家人的印章全部用它保存，每个人印章的颜色不同，透过盒子就能看出是谁的，使用起来很方便。

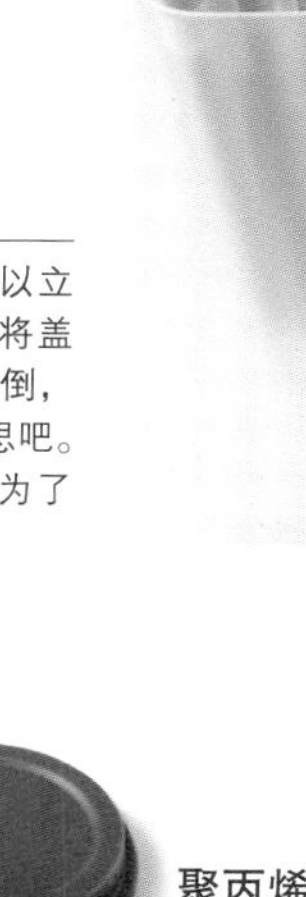

聚丙烯
眼镜、小物件盒
立式
2017 年上市

这款收纳盒的卖点是可以立在桌面上，为了使它在将盖子盖在底下时也不会翻倒，设计师应该花了不少心思吧。整体设计成圆柱形，是为了防止划伤镜片。

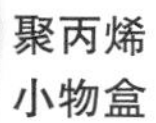

聚丙烯
小物盒
2014 年上市

这套收纳盒的配色在无印良品的产品中算是比较罕见的。它的设计用意是在店里更显眼，实际使用起来会发现，颜色鲜艳的盒子辨识度很高，适合收纳零碎的小物件。

亚克力材质是全透明的，用它做成的收纳用品，里面装着什么一目了然，找东西时非常方便。不但实用性强，外形也很漂亮。干净透明的亚克力，看起来像玻璃一样，很有高级感。虽然亚克力的透明度接近玻璃，却不像玻璃那样易碎，

a. 亚克力笔筒・圆形，约直径 8cm × 高 11cm/b. 亚克力笔筒・方形，约长 5.5cm × 宽 4.5cm × 高 9cm/c. 亚克力小物架，约长 13cm × 宽 8.8cm × 高 14.3cm /d. 亚克力小物件收纳箱（三层），约长 17cm × 宽 8.7cm × 高 25.2cm/e. 可叠放亚克力折叠二层式抽屉，约长 25cm × 宽 17cm × 高 9.5cm/f. 亚克力项链、耳环架，约长 13cm × 宽 6.7cm × 高 25cm/g. 亚克力珍藏品收纳箱・4 × 4 小间隔，约长 27.5cm × 宽 7.2cm × 高 34.7cm/h. 亚克力绘画框・小・A3 用

很多水族馆都用它来制作水槽。无印良品的亚克力收纳用品有悠久的历史，早在三十多年前，就推出了“亚克力圆形笔筒”和“亚克力方形笔筒”这两款产品。后来，随着时间推移，这个系列的产品种类慢慢增加，如今已经成为桌上收纳用品中品类最多的了。亚克力收纳系列的很多产品都可以自由组合，这也是它广受好评的原因之一。

No.04 亚克力收纳系列

acryl made storage

在家庭聚会上，用亚克力抽屉装寿司！

人们在使用这套亚克力收纳时，研究出了很多新奇有趣的用法。比如，著名的足球运动员贝克汉姆，就在举办聚会时用“可叠放亚克力掀盖二层式抽屉”来装寿司。还有人在“亚克力绘画框”上安四个支柱，用它当手办展示架。最有意思的是，有人用塞子塞住了“亚克力小物件收纳箱·三层”上的孔，然后用它养小鱼。这些都是开发者“不太推荐”的用法，不过确实很有创意，而且都将亚克力材质透明度高的特点体现了出来。这套亚克力收纳系列，也很适合放文具。很多人用亚克力抽屉收纳纸胶带，或是组合使用“亚克力箱用丝绒内箱隔板”放钢笔。这样五彩缤纷的文具一览无遗，光是看看就很享受了。不过，应该也有不少人觉得亚克力收纳价格偏高。确实，亚克力系列性价比不算很高，但这是有原因的，无印良品的亚克力收纳形状都比较复杂，加工难度大，很多都是需要手工操作的。

透明又美观的亚克力收纳，有很多意想不到的新奇用法。

塞住收纳箱上的孔，用来养小鱼。

用亚克力绘画框做成的手办展示架。

金属模具 & 手工黏合

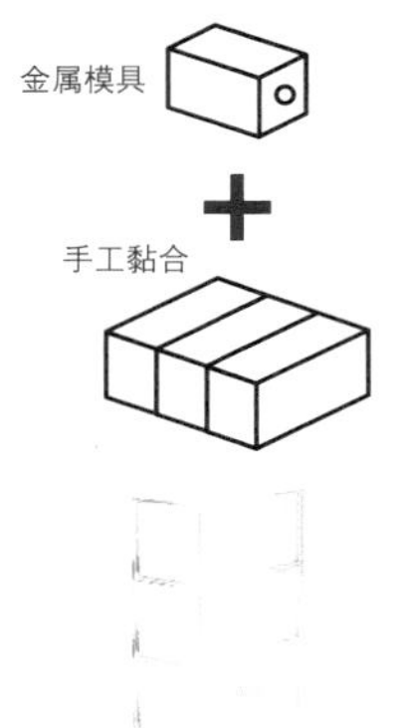

亚克力小物件收纳箱·三层
抽屉式的收纳箱，制作工艺会更复杂一些。内箱用金属模具成型，外箱人工黏合，然后再组合到一起。

手工黏合

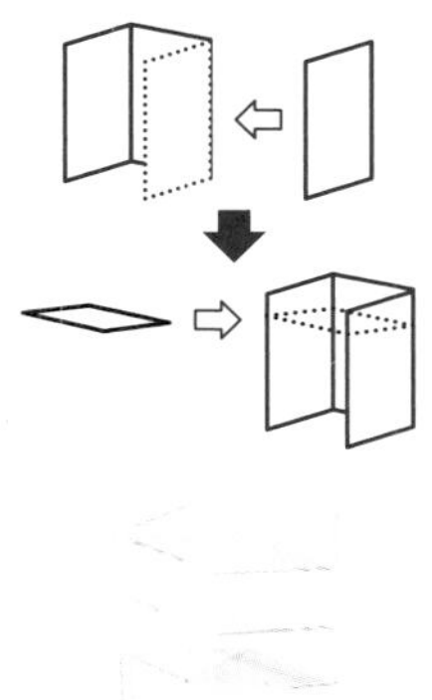

亚克力小物架
将切好的亚克力板手工黏合到一起。需要较高的技术。

用金属模具成型

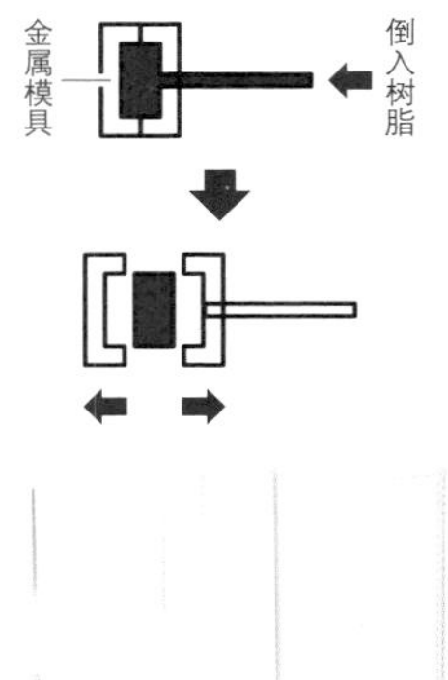

亚克力笔筒·圆形（右）
亚克力笔筒·方形（左）
像圆形和方形这种简单的形状，可以直接用金属模具成型。

构造 亚克力比一般材质更易磨损，制作时需要采取一些特殊工艺。

固定抽屉的凹槽

每层抽屉上都有固定的凹槽，这样能有效防止底部磨损。
※只有部分商品有这个设计

四角防磨损贴纸

将附带的贴纸贴到四个角上，能防止角磨损、划伤。
※只有部分商品有这个设计

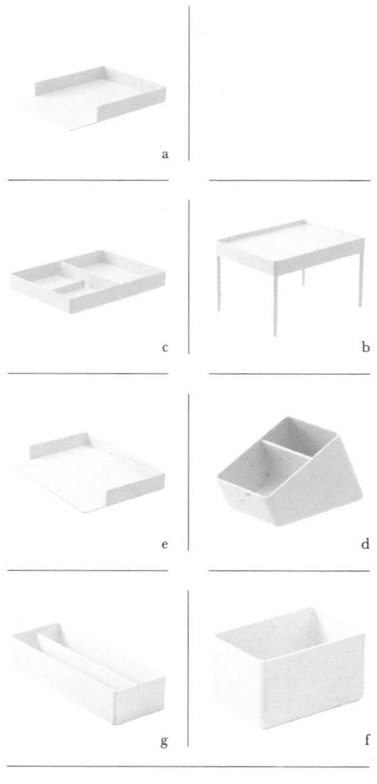

a.ABS 树脂・A4 文件托盘・A4 用 /b. 同上・A4 带脚托盘・A4 用 /c. 同上・A4 分隔托盘・A4 用 / d. 同上・笔 / 置物架・1/8，约长 11cm× 宽 8.1cm/ e. 同上・A4 文件托盘・横型，约长 32cm× 宽 24cm× 高 4.5cm/f. 同上・盒・1/8・A7，约长 12cm× 宽 8cm×7cm/g. 同上・A4 半型分隔盒，约长 32cm× 宽 12cm× 高 7cm

No.05 ABS树脂桌上收纳系列

ABS resin made desktop storage

收纳工作中常用的文具时，一定要保证拿取方便，所以最理想的是开放式收纳。然而，办公桌的空间一般比较小，想把东西都摆在面上是不可能的。这时，充分利用垂直空间的收纳用品应运而生。为了避免东西多显得杂乱，这套桌上收纳用的是不透明的 ABS 树脂。ABS 树脂容易成型，又比聚丙烯硬，即使叠放在一起也不易变形。这套收纳尺寸设计得非常完美，叠放时严丝合缝，看着很舒服。

无印良品的产品中比较罕见的、注重利用垂直空间的收纳用品。

Ⓑ **笔 / 置物架・1/8**
有一定的深度，很适合垂直收纳。

Ⓒ **分隔托盘・1/4**
A6 尺寸大小的托盘。中间有分隔，可以放一些零碎的小东西。

Ⓓ **带脚托盘・1/2**
充分利用垂直空间的带脚托盘。托盘大小是 A4 的 1/2。

Ⓐ **A4 文件托盘**
可将 A4 尺寸的文件纵向放置的托盘。它的尺寸是这个收纳系列的基准，后面还推出了 1/2、1/4、1/8 规格的收纳用品。

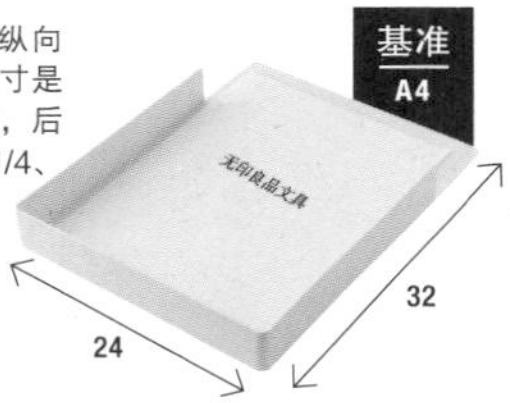

Ⓔ **分隔托盘・1/2**
A5 的短边 =A6 的长边，长度与一般的笔差不多。

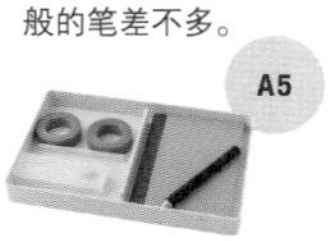

Ⓕ **A4 带脚托盘**
可以充分利用垂直空间。

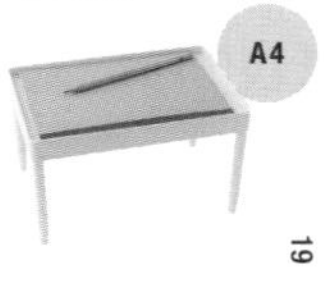

Ⓖ **A4 分隔托盘**
托盘内部的深度是 4.2cm，很适合放比较大的文具。

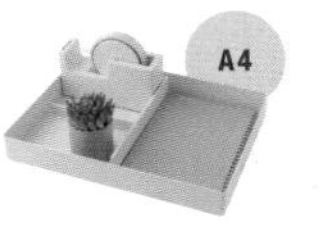

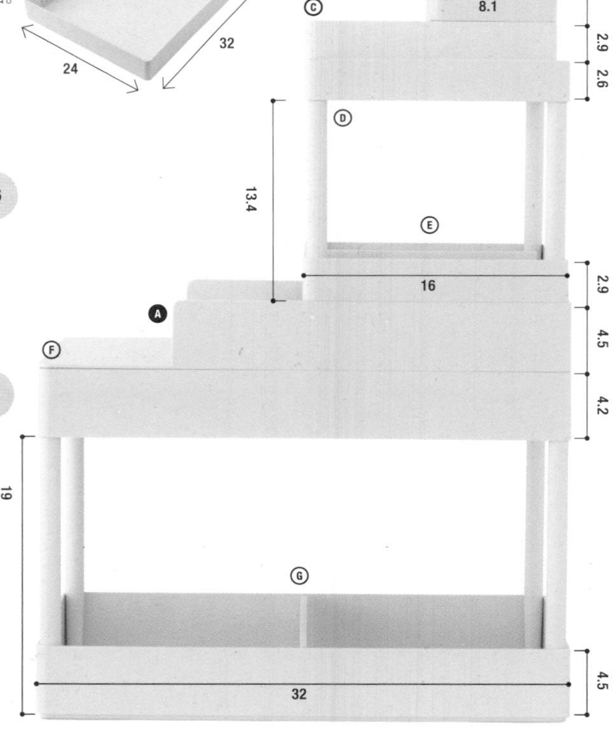

※ 单位 /cm

这套树脂收纳系列最先推出的是以文件托盘为中心的七款产品。值得注意的是，p154 提到的那款 A4 文件托盘虽然是用来收纳 A4 尺寸的物品，但却比普通的 A4 尺寸宽，也就是宽版的 A4 尺寸（长 32cm）。这样它不但能收纳 A4 文件，还能存放杂志。而且托盘是纵向的，放在办公桌上很省空间。不过，一般日本家庭的书桌纵深都比较短，无印良品就又推出了一款相同尺寸的横向文件托盘。如果不想让文件露出来，还可以配上相应的盖子或架子。这个收纳系列的最大特征是开放式，拿取非常方便。

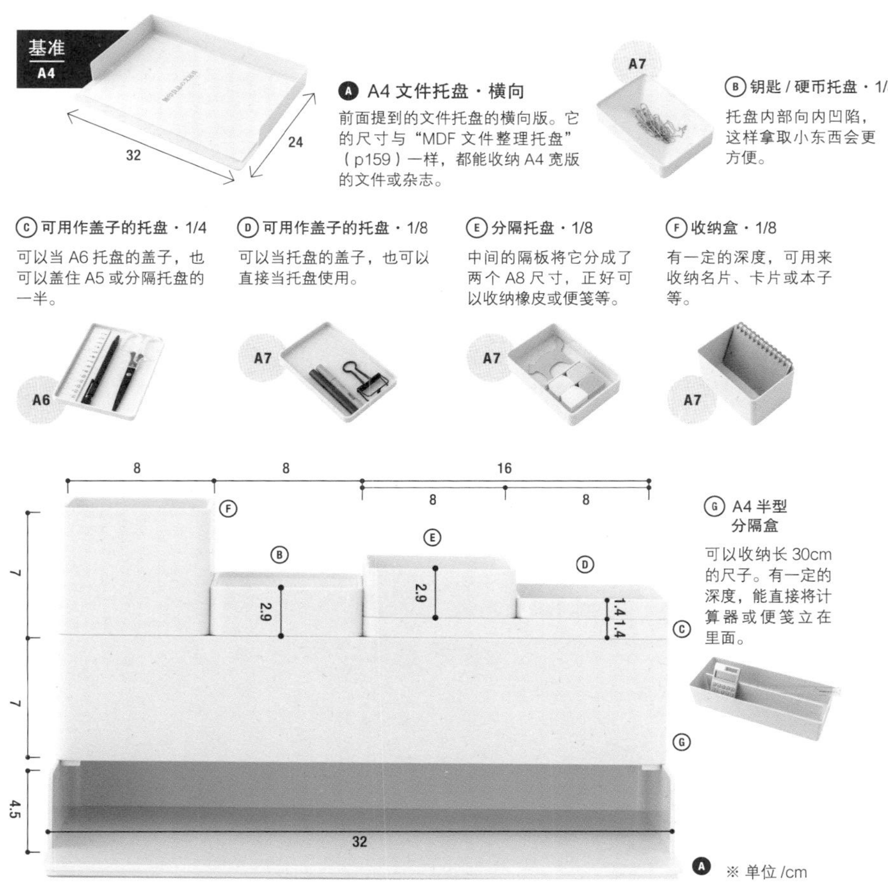

基准
A4
32
24
Ⓐ A4 文件托盘・横向
前面提到的文件托盘的横向版。它的尺寸与“MDF 文件整理托盘”（p159）一样，都能收纳 A4 宽版的文件或杂志。
A7
Ⓑ 钥匙 / 硬币托盘・1/8
托盘内部向内凹陷，这样拿取小东西会更方便。
Ⓒ 可用作盖子的托盘・1/4
可以当 A6 托盘的盖子，也可以盖住 A5 或分隔托盘的一半。
Ⓓ 可用作盖子的托盘・1/8
可以当托盘的盖子，也可以直接当托盘使用。
Ⓔ 分隔托盘・1/8
中间的隔板将它分成了两个 A8 尺寸，正好可以收纳橡皮或便笺等。
Ⓕ 收纳盒・1/8
有一定的深度，可用来收纳名片、卡片或本子等。
A6
A7
A7
A7
8
8
16
8
8
Ⓕ
Ⓑ
Ⓔ
Ⓓ
7
2.9
2.9
1.4
1.4
Ⓒ
7
Ⓖ
4.5
32
Ⓐ
Ⓖ A4 半型
分隔盒
可以收纳长 30cm 的尺子。有一定的深度，能直接将计算器或便笺立在里面。
※ 单位 /cm

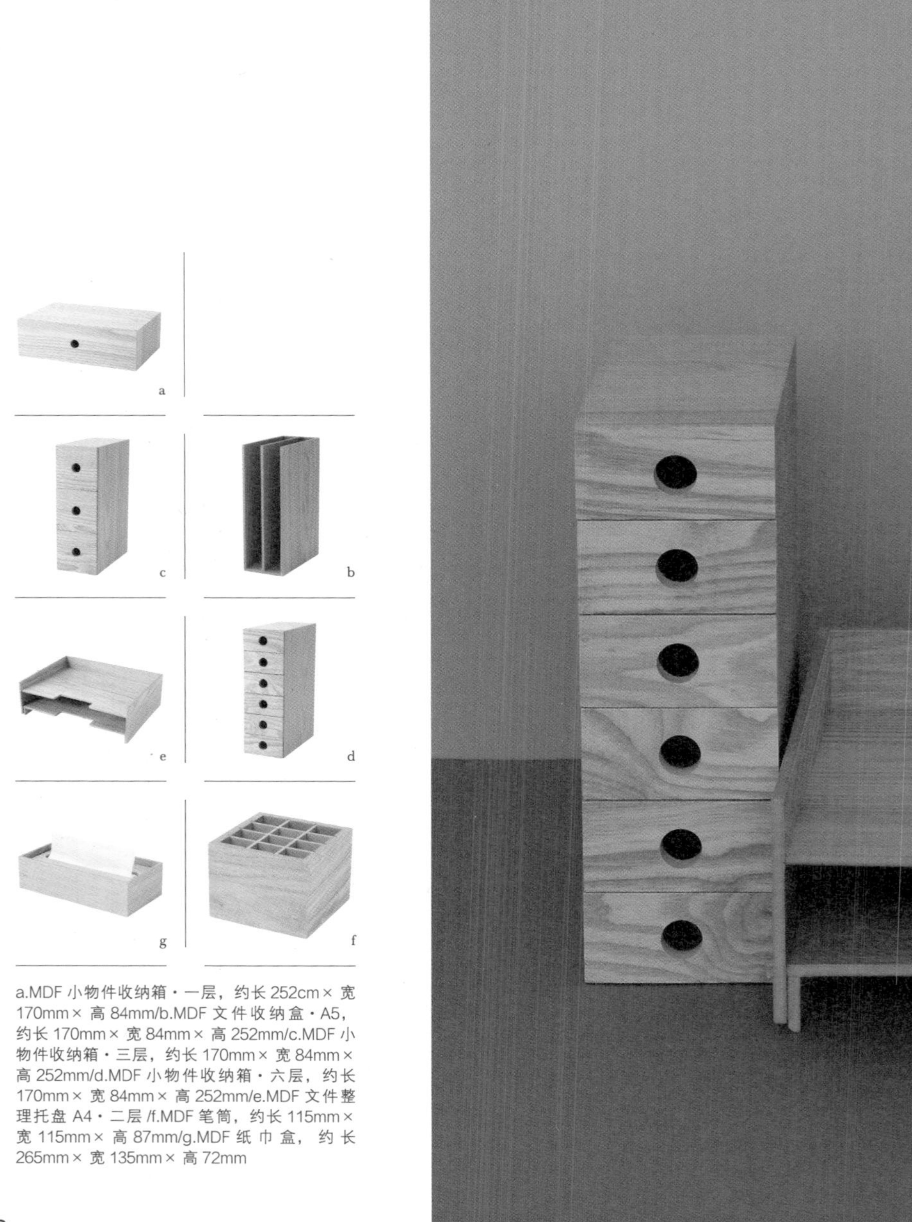

a.MDF 小物件收纳箱・一层，约长 252cm× 宽 170mm× 高 84mm/b.MDF 文件收纳盒・A5，约长 170mm× 宽 84mm× 高 252mm/c.MDF 小物件收纳箱・三层，约长 170mm× 宽 84mm× 高 252mm/d.MDF 小物件收纳箱・六层，约长 170mm× 宽 84mm× 高 252mm/e.MDF 文件整理托盘 A4・二层 /f.MDF 笔筒，约长 115mm× 宽 115mm× 高 87mm/g.MDF 纸巾盒，约长 265mm× 宽 135mm× 高 72mm

No.06 MDF 收纳系列

MDF made storage

这套看起来很舒服的 MDF（中密度纤维板）收纳系列，到目前为止共推出了七款产品，其中的五款都与前面提到的亚克力收纳（p149）尺寸相同。收纳客厅的物品时，总有几件不希望客人看到的东西，于是这套符合客厅风格的仿木纹收纳应运而生。MDF 是用植物纤维制成的板子，外面还贴了水曲柳贴面，这样摆在客厅会显得更统一。收纳的基本原则是将东西放在常使用的场所，客厅一般有很多常用的小东西，用这套 MDF 收纳整理一下，就会清爽很多。

天然木材一般都有裂纹或不平的地方，加工起来很困难。与之相比，MDF 板不但容易加工，而且价格也比较便宜（上图来源于 PIXTA）。水曲柳木质硬度高且有一定的弹性，棒球的球棒一般用它制成（中图）。摆在桌上的 MDF 收纳系列（下图），看起来很温馨。
※ 图片仅供参考

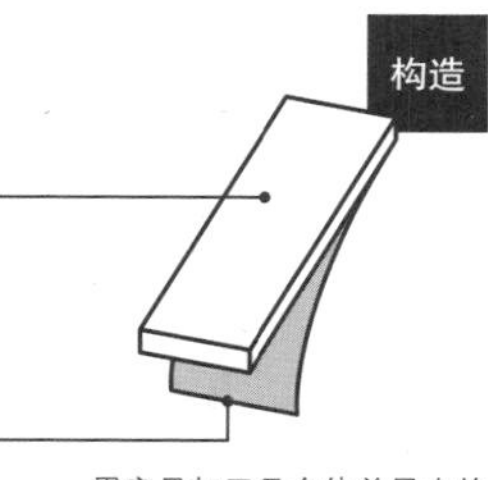

MDF

将木材等的植物纤维打碎后热压而成的板子。它不是天然的木板，上面没有木纹，直接使用会显得比较廉价。

水曲柳贴面

水曲柳硬度和品质都很高，是制作家具时最常用的木材之一。水曲柳有着黄白色系的纹理，看起来天然又高级。

用容易加工且个体差异小的 MDF 板当主体，表面贴一层天然的水曲柳贴面，这样不但品质有保障，看起来也很高级。

这套 MDF 收纳系列是用 MDF 板当主体，然后表面贴上一层水曲柳贴面。看到 MDF 板，很多人想到的是“虽然便宜且易加工，却没有天然的木纹”。不过，这套用 MDF 板制成的收纳用品，却有着天然而漂亮的木纹。研发者说，组装 MDF 板和贴水曲柳贴面这两道工序，都需要纯手工操作，这一点真是太让人意外了。这套产品中很受欢迎的“MDF 文件整理托盘”，它的设计灵感源自无印良品店铺里放传单的托盘。据说是当时有客人提出想买这样的托盘收纳文件，于是无印良品就顺势推出了这款产品。

收纳文件整洁又清爽。

宽度

纵向托盘适合办公室收纳

※ 商品例
ABS 树脂 A4 文件托盘
（详细信息请参考 p154）

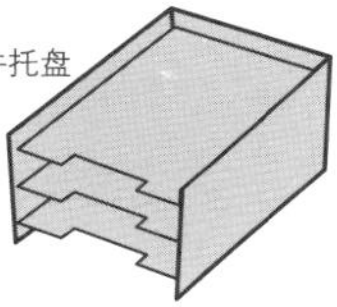

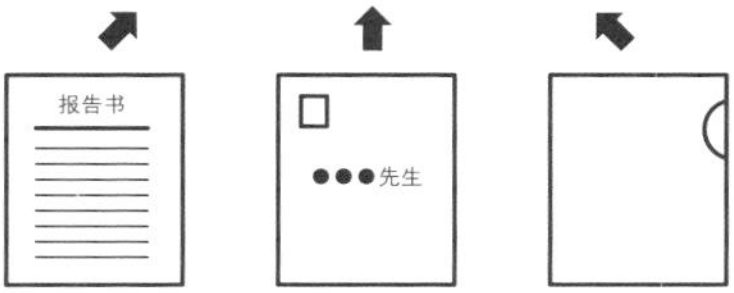

报告书

●●●先生

资料　信件　A4 文件夹

办公室的文件以 A4 尺寸为主。除了文件，连装文件的文件夹也能一起放进去。文件尺寸比较统一的话，用纵向托盘拿取更方便。

横向托盘适合家庭收纳

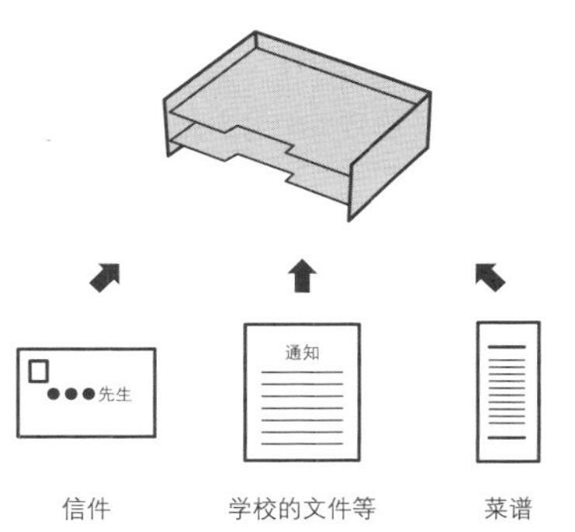

MDF 文件整理托盘也很适合家庭使用。家里的纸品一般都比 A4 小，所以还是纵深短的横向托盘拿取更方便。

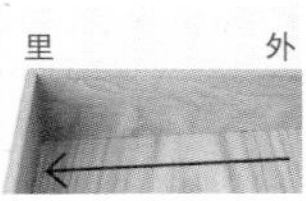

MDF
文件整理托盘
A4・二层

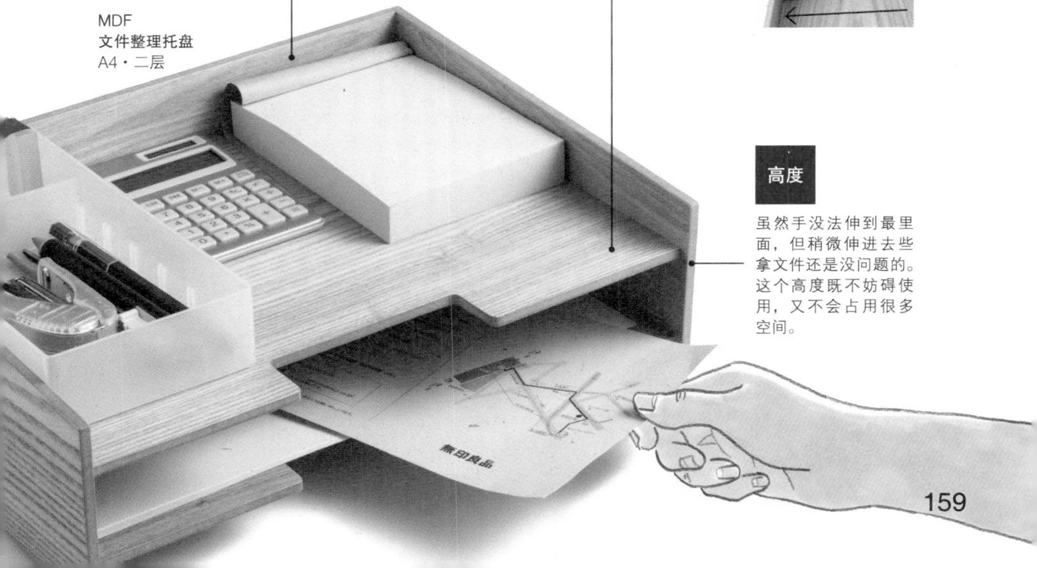

斜度

托盘整体是向内倾斜的，这样文件不容易滑出来。

里　外

高度

虽然手没法伸到最里面，但稍微伸进去些拿文件还是没问题的。这个高度既不妨碍使用，又不会占用很多空间。

MUJI YOURS
おめでとう
MUJI Labo
HOME
三冊屋
Sansatsuya: Books in Threes

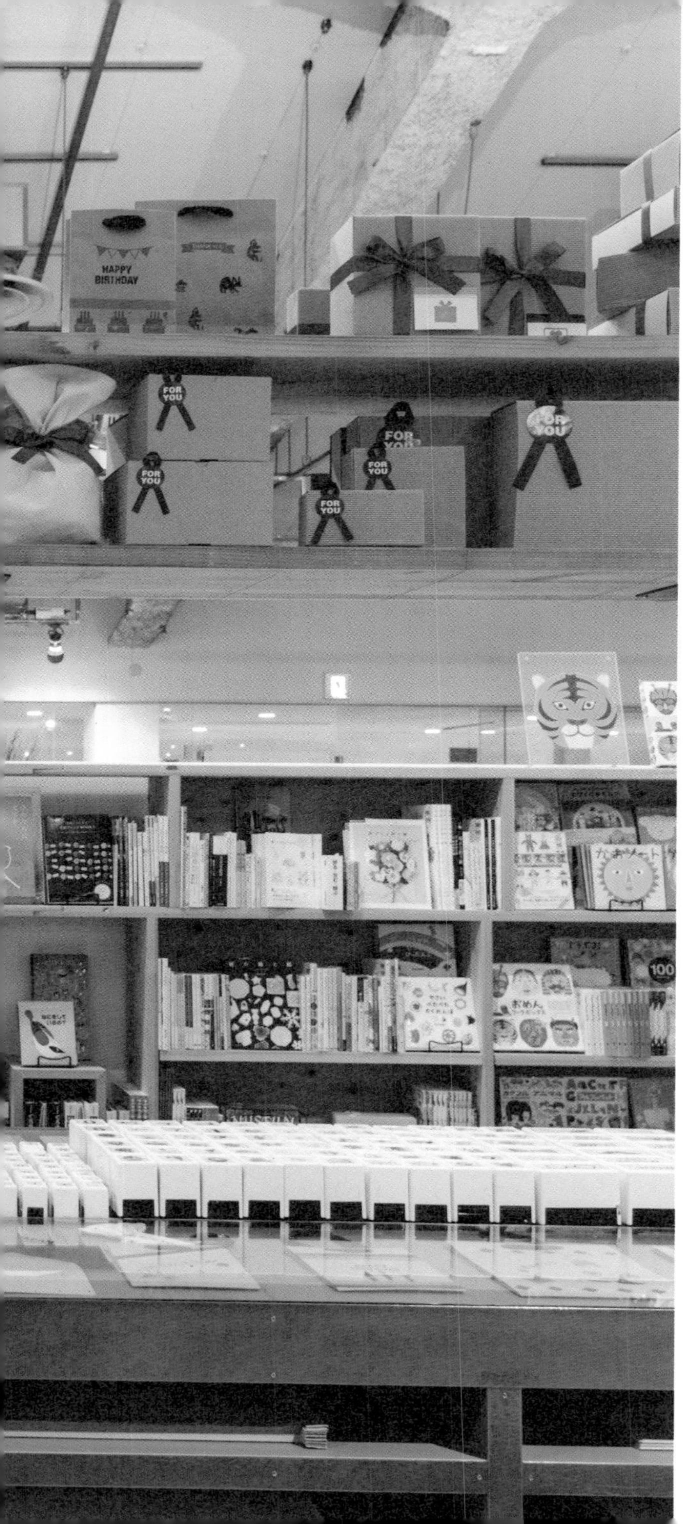

Chap.4

故事

畅销产品的诞生经历了怎样的过程？
最符合『无印良品风』的设计是哪些？
文具正好能放进抽屉或箱子里，只是单纯的巧合吗？
……
了解了这些背后的故事，平时使用的文具会显得更加弥足珍贵。

［日］山田容子

热爱文具的编辑。主要负责女性实用、兴趣和生活类书籍。曾编辑过《可爱的 mizutama 文具》《东京必去的街头书店》《梶谷家的收纳整理法》（均为日本 G.B. 出版）。

畅销产品是如何诞生的？

Chap.4 / 01

研发过程

STATIONERY

无印良品的文具从研发到上市，究竟经历了怎样的过程？下面就给大家讲讲从研发者那里得来的第一手信息。

商品研发的过程

STEP 1	三年计划（年度计划）	一年半
STEP 2	开始制作（调研）	
STEP 3	样品研讨会（三次）	
STEP 4	最终敲定	
STEP 5	展示会	
GOAL	上市	

STEP 1 三年计划（年度计划）

根据已有的品牌理念，制订出三年的销售目标和计划等，然后再继续细化到每一年。

到目前为止，无印良品售卖的文具多达500余种（桌上收纳用品未计入）。这些文具的研发过程，都非常有意思。无印良品研发文具时基本还是以品牌理念和公司发展计划为中心，有趣的是研发者们自发进行的“客户调研”。他们经常到人们的实际生活场景中探访，询问人们对文具的想法。比如，到学校观察学生们的铅笔盒和本子等，然后认真听取学生们的意见。除了学校，研发者们也会拜访许多家庭和公司。据说，他们曾经拜访过创立超过100年的传统企业，也拜访过新兴的IT公司。他们会与这些公司的员工进行交流，

STEP 2 开始制作（调研）

生活杂货部

生活杂货部的主要成员是文具研发者和设计师。文具研发者共有九人，其中包括负责品质管理和数据管理的人员。设计师共有四人，除了文具，他们还要兼顾其他生活杂货的设计。

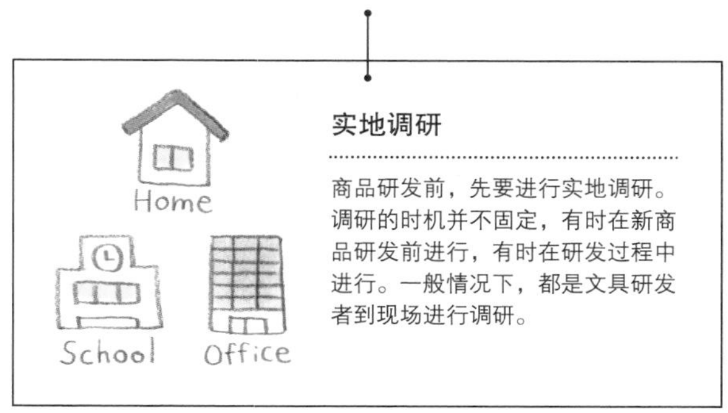

实地调研

商品研发前，先要进行实地调研。调研的时机并不固定，有时在新商品研发前进行，有时在研发过程中进行。一般情况下，都是文具研发者到现场进行调研。

然后观察总结他们的文具使用习惯和收纳方法。这种客户调研是不分时间的，有时在产品研发前就展开调研；有时在研发过程中进行，来进一步确定研发方向。

客户调研不单单是上门访问，还要仔细观察客户的使用习惯，听取客户的宝贵意见。这应该是畅销商品诞生过程中最重要的一步。无印良品的生活杂货部共有九名文具研发者（其中包括品质管理和数据管理人员）和四名设计师。除文具外，设计师们还要兼顾其他生活杂货的设计。这么少的人数，却能研发

STEP 3　样品研讨会

确定产品概念是否可行

研发一件新文具时，并非全部交给一个人负责，而是所有研发人员一起开会讨论。这种研讨会要召开三次，第一次主要是确定产品概念。

进一步确定研发方向

第二次研讨会时，所有研发人员要一起确定研发方向。各部门的负责人和生活杂货部的项目经理都会参加会议。

确定最终方案

第三次研讨会时，基本已经按照前面的设计制作出样品了。会上讨论的重点不仅仅是针对单个产品，还要看这个产品是否符合整个系列的风格。

那么多的商品，让人十分震惊。书中的采访对象，正是生活杂货部的文具研发人员。见面之前我还在想，既然是负责文具研发的工作人员，平时用的一定都是无印良品的文具，结果却并非如此。据被采访者讲，他是“故意使用其他品牌的文具，以观察对手的情况”。（这次采访正好赶上他们到国外出差举办展示会，百忙之中抽出时间，非常感激。）

STEP 4 最终敲定

在研讨会中脱颖而出的产品，将参加展示会。

STEP 5 展示会

向日本及海外店铺的店长和工作人员们展示新产品的大型活动。除了文具，其他生活杂货也会一起展示。

GOAL 上市

终于要上架了！从有想法到正式上市，总共要一年半的时间。而且，不论是新产品还是要改版的产品，都要经历相同的过程。

聚丙烯立式文件盒
※ 参照 p136

亚克力小物件收纳箱三层
※ 参照 p148

MDF
文件整理托盘
※ 参照 p156

ABS 树脂
A4 带脚托盘
※ 参照 p152

桌上收纳用品

在办公室和家庭中广泛使用的桌上收纳用品，也是由文具开发小组负责的。这些收纳用品使用了各种各样的材料，如聚丙烯或亚克力等。

电子计算器
※ 参照 p38

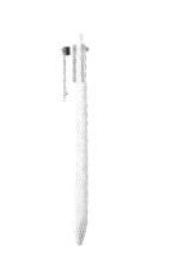

六角六色圆珠笔
※ 参照 p70

原浆纸笔记本・五册组
※ 参照 p26

聚丙烯透明文件夹
※ 参照 p14

文具

以笔记本和日程本为代表的纸制品，以文件夹和活页夹为代表的文件收纳用品，以笔和剪刀为代表的办公用品……无印良品的文具品类非常丰富。

"无印良品风"
到底是什么风格?

Chap.4 / 02

设计理念

STATIONERY

无印良品的文具不但实用，外形也非常好看。在设计时，不是以设计师的主观想法为中心，而是从用户的角度出发的。

无印良品的设计风格与其他品牌很不一样，辨识度非常高，崇尚简单而实用的理念，产品看起来没什么特征，却有着独树一帜的风格。其实不仅限于文具，无印良品的其他产品也遵从“没有设计的设计”这一理念。研发一件产品时，无印良品不是以设计师的主观想法为中心，而是从用户的角度出发的。无印良品的产品从来不公布设计师的名字，是因为每件产品都是多个设计师和研发者一起讨论得出的（p162）。无印良品也经常听取顾客的建议，按照顾客的需求研发新产品。

除了从顾客的角度出发，在产品研发时还需要遵从什么原则呢？采访时，文具研发者的回答是“不要加入过多的设计”，也就是“不要要求用户该怎样去做”，而要留出一些空白，让用户自由发挥。“再生牛皮纸笔记本（附日程表）·月计划”和“再生纸笔记本·周计划”等产品，就是在这种理念下诞生的。为了进一步探究“无印良品的设计风格”，让我们来看一些具体的例子。

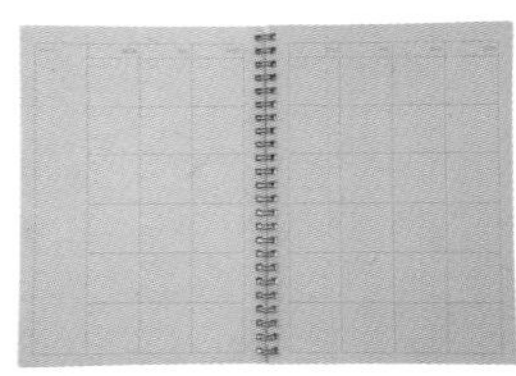

再生牛皮纸
笔记本（附日程表）·月计划
A5
※ 详细信息请参考 p86

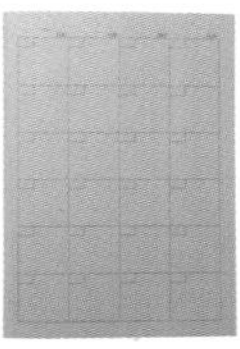

再生纸笔记本·周计划（左）
A5·32 页
再生纸笔记本·月计划（右）
A5·32 页
※ 详细信息请参考 p54

No.01

再生纸红包

附封条、贴封条用胶带、封装用贴纸
2001 年以前上市

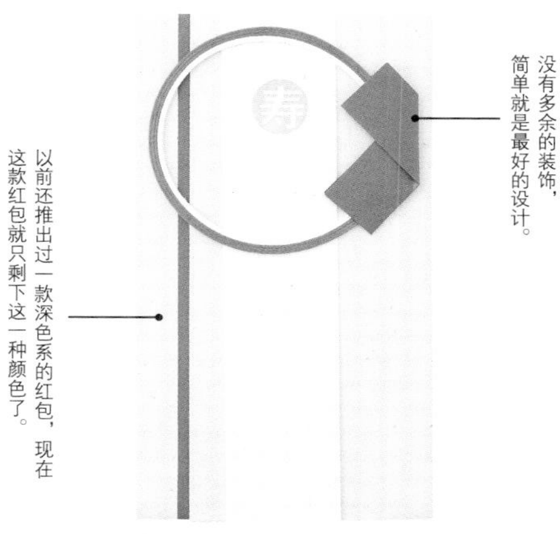

没有多余的装饰，简单就是最好的设计。
以前还推出过一款深色系的红包，现在这款红包就只剩下这一种颜色了。

这款红包是在 2001 年以前就推出的产品，整体设计很符合无印良品一贯的简洁风。它在前几年曾经改版过，改版后的红包（下左图）比最初推出的版本（下右图）更具设计感。看到这款红包，我在心里暗想："这么简洁充满吸引力的设计，上市时肯定被一抢而空吧。"结果却并非如此……这应该就是无印良品研发人员所说的"太超前的东西根本卖不动"。确实，市面上的红包基本都是画着繁花、仙鹤等图案的华丽设计。这些红包给人留下一种固有印象，所以看到无印良品这种简洁的红包，很可能会怀疑里面没装钱吧（笑）。如今，"无印良品的设计 = 时髦 + 有品"已经是公认的事实了。现在这款红包是无印良品的人气产品之一，不但销量很好，还常常卖到断货。看来，消费者的喜好发生了很大变化啊。

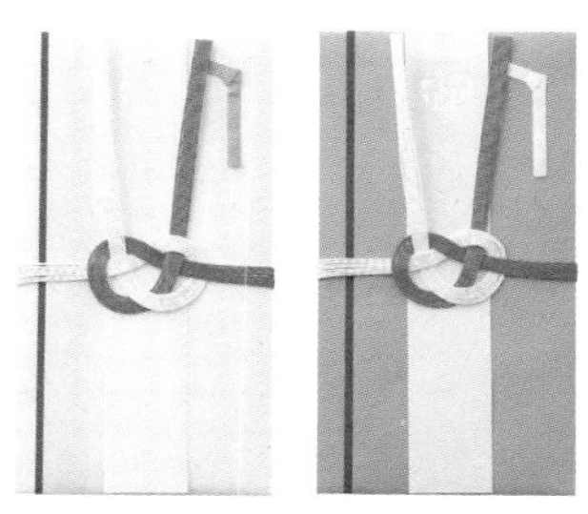

再生纸红包
只在 2014 年售卖的限定品。

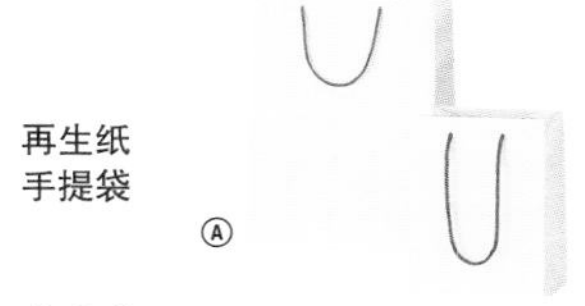

再生纸手提袋 Ⓐ

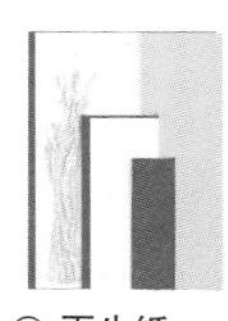

Ⓑ **再生纸婚礼座位表**

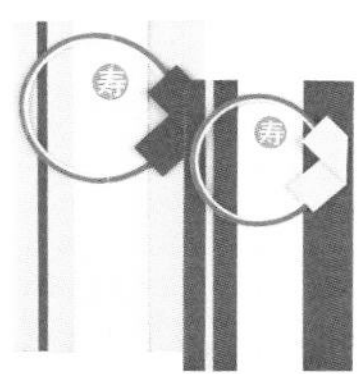

Ⓒ **再生纸红包**

ⒶⒷⒸ
2000 年发售的婚礼用品系列，有请柬、婚礼座位表、相册等，其中就包括上面提到的红包（其他均已停产，只有红包还在售卖）。

No.02

铅芯可以用到最后 1mm 的 ABS 树脂自动铅笔

0.5mm
2010 年上市
※2016 年改版

笔尖凹陷的设计看起来很有型。
笔头附近稍微粗一些。

这款自动铅笔充分体现了无印良品设计理念的精髓。没有多余的装饰，配色是黑色和银色，看起来很有设计感。这款自动铅笔的笔头附近比其他地方粗一些，而且银色的笔尖部分有一处凹陷。这两个细节可不止是为了美观，而是有实际用途的。笔头比其他地方粗，是为了防止写字时手打滑。但是笔头太粗写字时手指会挡住笔尖，所以就做了一处凹陷。这款自动铅笔的外形不但简洁，而且充分考虑了用户的使用需求。

No.03

尖很细的图钉

12 个
2013 年上市

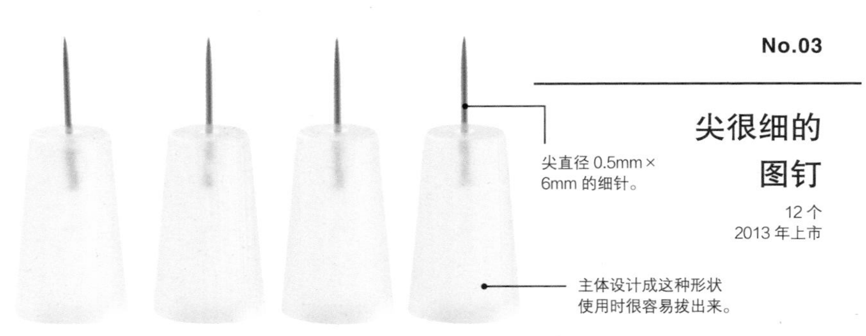

这款图钉是在听取用户意见后改进而成的。首先是图钉的主体，原先的设计是上下一般粗，但用户反映这样很难拔出来，于是就改成现在的一头粗一头细的设计。然后就是图钉上的针，也在用户的建议下做出了改进。使用这款图钉的用户提出“不希望拔出图钉后在墙上留下针眼”，于是无印良品就将针尖直径改成了 0.5mm。这样取下图钉后，物体表面几乎不会留下痕迹。

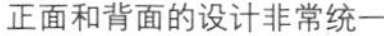

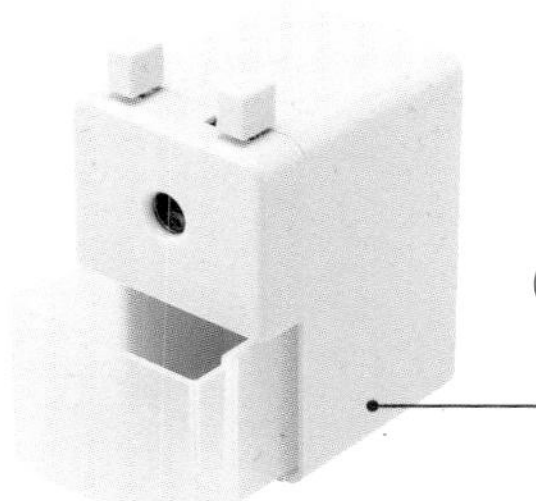

No.04

手动式
卷笔刀

（小）约宽 55mm × 高 103mm × 长 106mm
2007 年上市

外形非常简洁，在家或办公室使用都没问题。

我们在选购商品时，很容易被外表吸引。这个问题在设计师那里也同样存在。很多设计师会以正面为重点，而忽略背面和细节。这样用户在翻看产品时，就会觉得“原来做工这么粗糙啊，真让人失望”。无印良品在设计这款转笔刀时，就充分注意到了这一点。很多卷笔刀背面都做得很粗糙，但用户要从背面转动把手，所以一定会发现。为了不让用户觉得“失望”，设计师在设计把手时下了不少工夫。最后设计出的卷笔刀，不但正面好看，背面看起来也很精致。

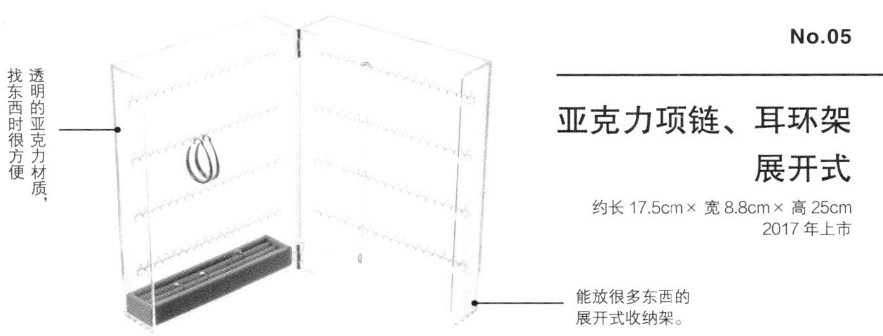

透明的亚克力材质，找东西时很方便
能放很多东西的展开式收纳架。

No.05

亚克力项链、耳环架
展开式

约长 17.5cm × 宽 8.8cm × 高 25cm
2017 年上市

这款项链、耳环架是亚克力系列（p148）中的新产品。它可以收纳很多小饰品，而且本身也可以当成一种装饰。无印良品原来推出过类似的饰品收纳架，销量很好，就又研发了这款展开式的收纳架。它的设计理念是“小小的橱窗”。出门前将收纳架打开，边浏览边挑选出当天要戴的饰品，要的就是这种仪式感。不过，这款收纳架虽然是放饰品的，但却跟其他亚克力收纳品一起放在文具展区里。

是偶然还是必然？
文具尺寸吻合的秘密。

Chap.4 / 03

标准尺寸

STATIONERY

无印良品的家具和收纳用品都是按照自己独创的标准尺寸制成的。那么，文具和桌上收纳用品是否也有标准尺寸呢？

大家在使用无印良品的家具和收纳用品时，会发现它们的尺寸都正好合适。这是理所当然的，因为它们都是按照无印良品独创的标准尺寸“MUJI Module”制成的。基本上，无印良品与收纳相关的家具用品都使用了这个标准尺寸，所以自由组合时能完全吻合。这并非偶然，而是故意设计成这样的。最先采用这个标准尺寸的是 1997 年上市的“不锈钢组合架”。它的具体尺寸是高 175cm × 宽 86cm（外部尺寸）。175cm 正好是日本传统建筑中拉门的高度，而 86cm 则比榻榻米（一叠）的宽度（91cm）略小一些。

其实，日本家具一般采用的宽度是 91cm，这个尺寸应该算是传统的标准尺寸。制作这个尺寸的家具，既不会产生废料，也可以大批量生产。而无印良品的标准尺寸，比这个传统尺寸要小一些。这是因为无印良品不以日本传统的木造建筑为标准，而是考虑到现在小户型建筑的使用习惯，做成小尺寸，从而避免了空间的浪费。无印良品没有从生产者的立场考虑（想要尽量节省原料），而是从用户立场考虑，尽力为用户节省空间。不锈钢组合架上市之后，无印良品的收纳家具基本都采用了这个尺寸。之后，他们还设计出了收纳用品的标准尺寸（宽 26cm × 长 37cm），来保证能正好放进家具里。

下面我们就进入正题，说说无印良品文具的标准尺寸。无印良品的文具并不像上面提到的家具一样有具体的标准尺寸，而是用“能不能放进铅笔盒”这个标准来衡量的。除了个别的文具之外，无印良品的笔、尺子、剪刀等基本都能放进铅笔盒里。比如无印良品的尺子，原本是放不进去的，但 2017 年改版时缩短了一些，调整成了能放进铅笔盒的尺寸（长度 15cm）。

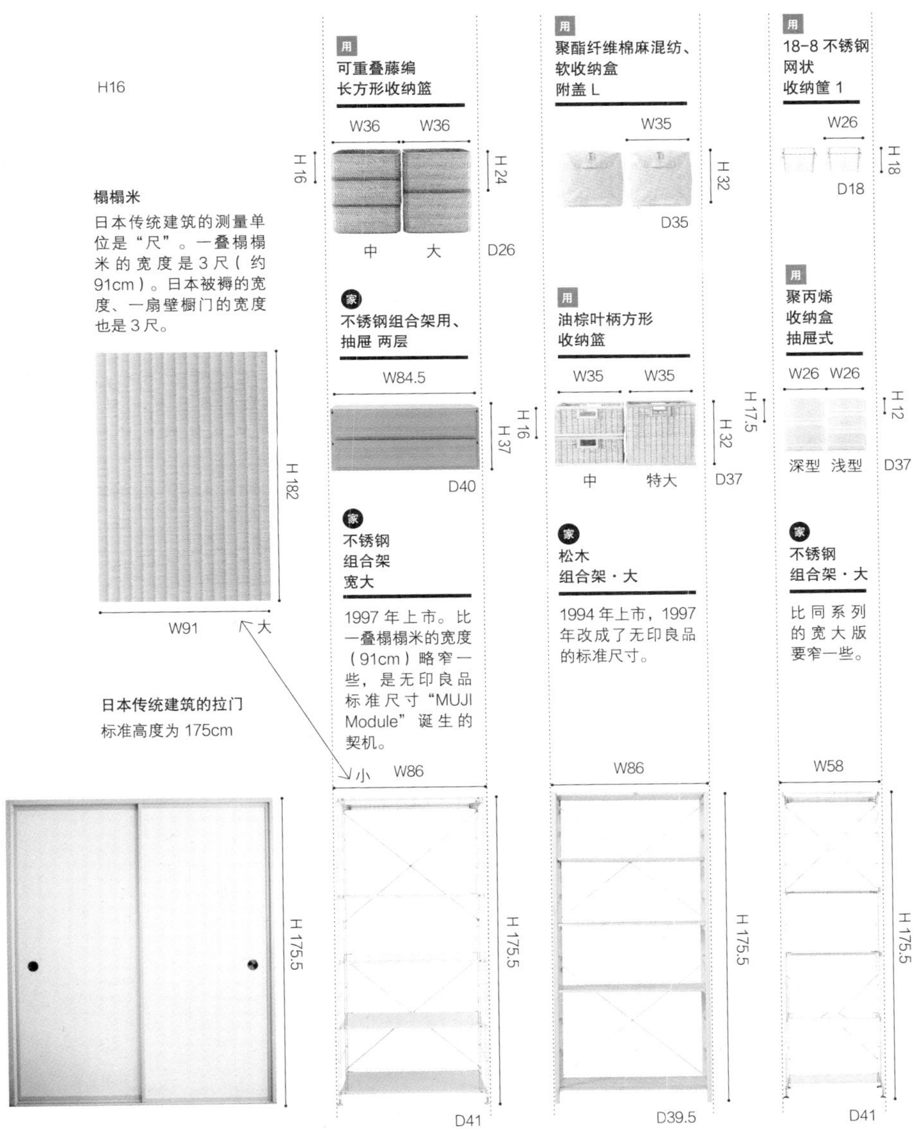

收纳用品的基本尺寸	收纳用品的尺寸一般是宽26cm× 深37cm，这是根据收纳家具“不锈钢组合架”的内部尺寸设定的。一般的收纳家具，能正好放下两个或三个宽26cm× 深37cm的收纳用品。

※ 单位：cm　尺寸：外部　W= 宽、D= 深、H= 高　家 = 收纳家具　用 = 收纳用品

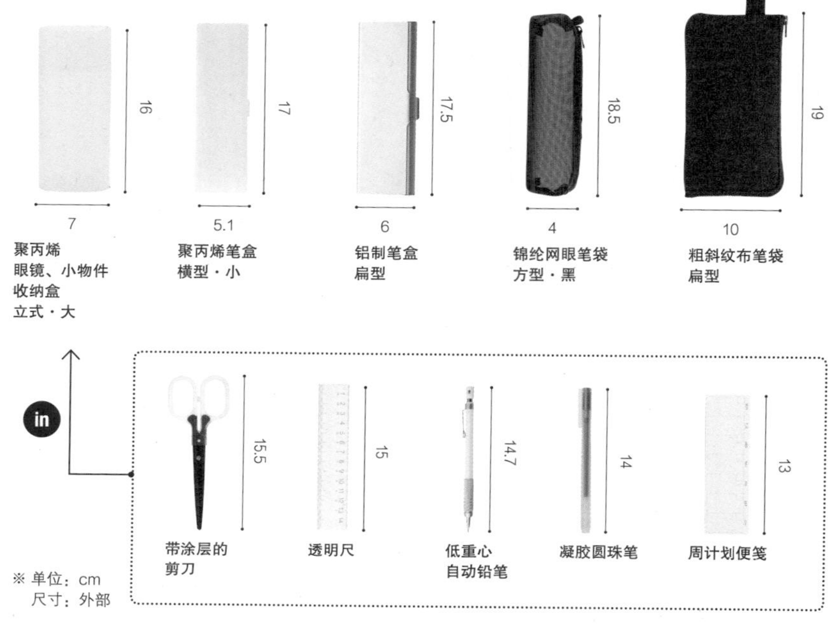

像小物件收纳盒和文件盒等桌上收纳用品，一般是根据设想“会放进去的东西”来设计尺寸的。比如前面提到的 ABS 树脂桌上收纳系列（p152），就是以放 A4 纸的“A4 文件托盘”为中心设计整体尺寸的。还有前面提到的“聚丙烯立式文件盒・宽型”（p136），是设计成刚好能放进两个双孔 A4 活页夹的尺寸。“聚丙烯眼镜、小物件盒・立式”则像名字描述的一样，高度（16cm）刚好能放进眼镜。虽然大多数收纳用品都是可以放任何东西的，但很多人在购买时就想好要放什么了，无印良品就是考虑到这一点，才设计了相应的尺寸。

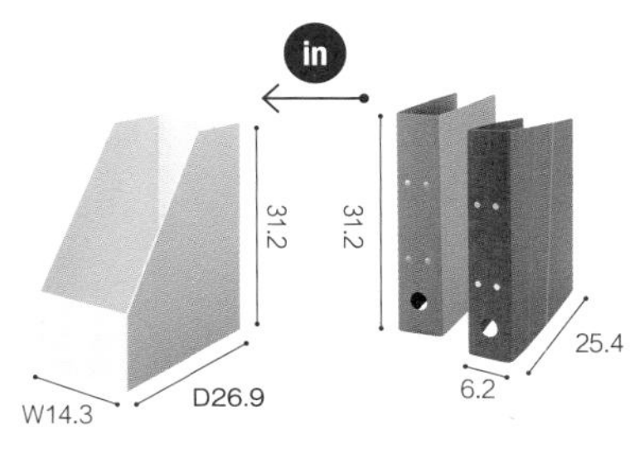

聚丙烯立式
文件盒·宽型
A4 用·灰白

再生纸双孔活页夹
管式
A4·孔间距 50mm

能装下两个双孔活页夹（A4 尺寸）的文件盒主要在英国发售。2012年，无印良品又推出了宽版的立式文件盒。

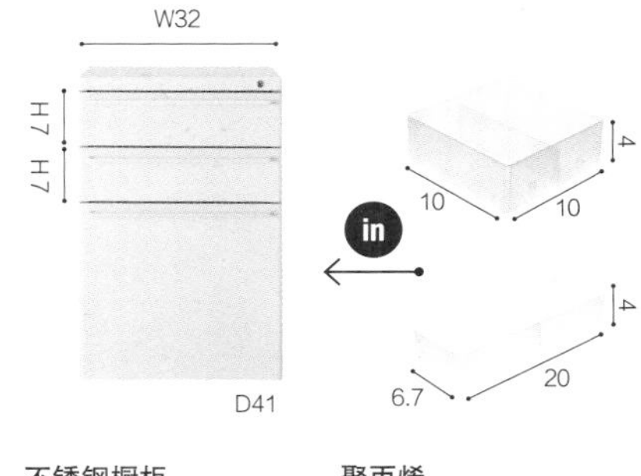

不锈钢橱柜
浅灰

聚丙烯
桌内收纳盒

桌内收纳盒（p140）共有四种尺寸，它们可以自由组合，无论多大的抽屉都能吻合。

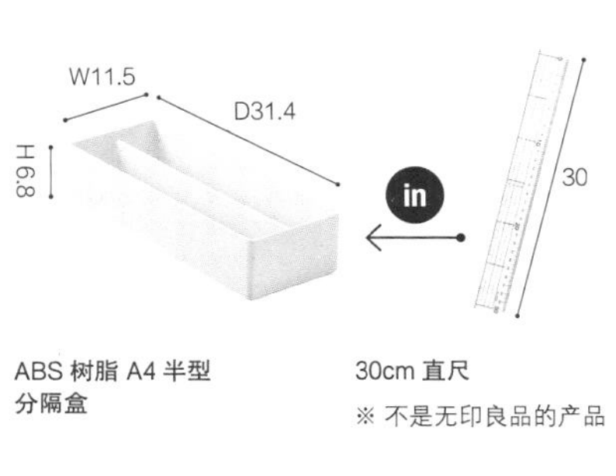

ABS 树脂 A4 半型
分隔盒

30cm 直尺
※ 不是无印良品的产品

ABS 树脂收纳系列中的 A4 半型分隔收纳盒，正好能装下 30cm 的尺子。它的宽度是同系列的“A4 文件托盘·横型”的一半。

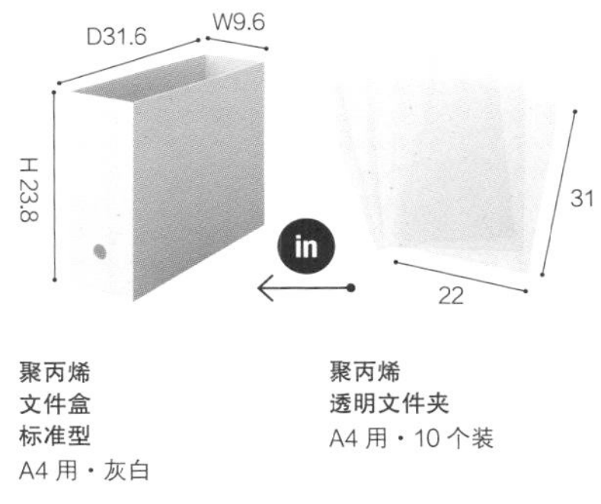

聚丙烯
文件盒
标准型
A4 用·灰白

聚丙烯
透明文件夹
A4 用·10 个装

这款文件盒是用来收纳 A4 文件或 A4 文件夹的。无印良品的文件夹尺寸是 31cm×22cm，正好能放进文件盒里。

※ 单位：cm　尺寸：右侧商品为外部尺寸、左侧商品为内部尺寸　W= 宽、D= 深、H= 高

在设计收纳家具和收纳用品时，无印良品是以“里面放的东西”为中心设定尺寸的，这主要是为了满足用户的实际需求。有些家具或收纳用品，会故意设定成日本传统的标准尺寸，或者盲目追求美感，刻意让所有的东西都完全吻合。但实际使用时会发现，真的没必要设计成这样。无印良品给出的答案则是：先想好顾客的需求，再进行设计。

最能体现个性的
独创纸张。

Chap.4 / 04

材料
（纸张）
STATIONERY

迄今为止，无印良品推出了各种各样的纸品，比如笔记本、便笺、日程本等。这些纸品看起来跟其他品牌区别不大，但背后却有一些不为人知的玄机。

洋槐树的树苗（上图），之后会慢慢培育成大树。无印良品的纸制品，一般都是用印度尼西亚的木材（下图）制成的。

在很多人的印象中，无印良品的纸品都是以褐色为主。无印良品推出的纸品主要使用两种纸张，一种是“牛皮纸”，一种是“再生纸”。这些纸的原料一般是阔叶树和针叶树。牛皮纸是用松树和杉树这两种针叶树制成的，它的纤维较长且韧性较大，常作为包装纸使用。而再生纸则是用废纸制成的。具体做法是，将废纸打碎成纤维状，再加入化学纸浆（p176）重新加工而成。除了各种本子，无印良品还推出了其他再生纸制成的产品，比如活页夹、信纸套装等。

除了上面提到的两种纸，无印良品还有一款独创的纸，就是于2006年推出的“植林木”和“上质纸”。它主要是用洋槐树、尤加利树等阔叶树制成的。阔叶树的纤维较短，特别适合制作本子用的纸张。前面提到的“原浆纸笔记本·五册组”（p26）是最具代表性的植林木笔记本，它的纸质很好，用圆珠笔、荧光笔和钢笔写字都不会透到背面。除了这款笔记本套组，无印良品还推出了很多种植林木的本子。牛皮纸、再生纸、植林木和上质纸的手感、写感有很大区别，大家可以到店里试一试，挑选出自己最喜欢的纸张。

树木的种类、用途

针叶树

叶子、树干的形状	叶子是较细的针状，整个树干向上伸展。
树种	500多种。
代表性树种	松树、杉树、柏树等。
特征	质地轻而软，很容易加工。
用途	制作木造房时当房梁等。

无印良品使用的主要是松木，来制作再生纸笔记本和便笺等。※ 图片仅供参考

未漂白
方形便笺

这款便笺使用的是未漂白的牛皮纸。纸张颜色接近木头的颜色，而且韧性较大。

再生纸素描册·
明信片尺寸

内页是再生纸，封面是牛皮纸。牛皮纸的主要原料是针叶树。

阔叶树

叶子、树干的形状	叶子宽阔平坦 。树枝和树干横向生长。
树种	20多万种。
代表性树种	樱树、榉树、洋槐、尤加利树等。
特征	质地硬且重，不易变形。
用途	内部装潢，或制作家具、乐器、日用品等。

无印良品使用的主要是洋槐和尤加利树。
※ 图片来源于PIXTA，仅供参考

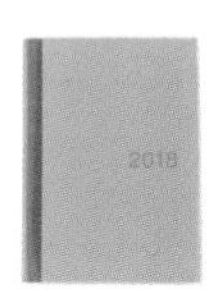

环保上质纸·月计划
周日开始

顺滑好写的上质纸，适合做日程本。

原浆纸
笔记本·五册组

这套笔记本根据学生们的建议改进过，即使用荧光笔写也不会透到背面。

纸张的制作流程

先将木屑或废纸等加工成纤维状（纸浆）。
将纸浆压成薄薄的片状，纸就做好了（抄造）。

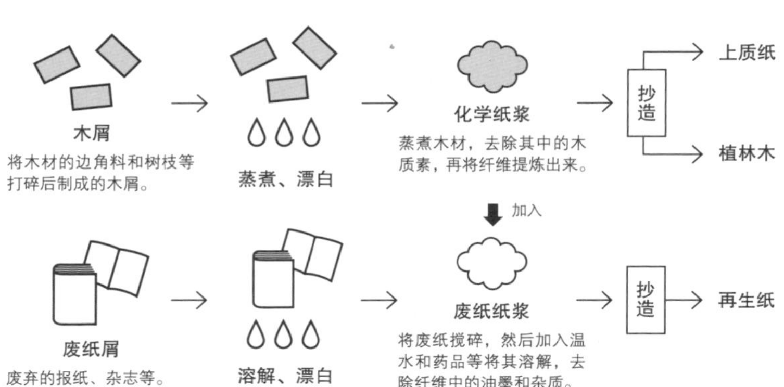

木屑
将木材的边角料和树枝等打碎后制成的木屑。
蒸煮、漂白
化学纸浆
蒸煮木材，去除其中的木质素，再将纤维提炼出来。
抄造
上质纸
植林木
加入
废纸屑
废弃的报纸、杂志等。
溶解、漂白
废纸纸浆
将废纸搅碎，然后加入温水和药品等将其溶解，去除纤维中的油墨和杂质。
抄造
再生纸

无印良品的独创纸张

无印良品主要开发了三种独创纸张。
其中，植林木制成的产品种类最多。

再生纸

将废纸处理成纤维状，再混入化学纸浆后制成的纸张。对废纸进行再利用，非常环保。不同的产品使用的废纸纸浆比例会有所不同。

再生纸便笺

再生纸周刊志
四格笔记本·
迷你

再生纸
双孔活页夹

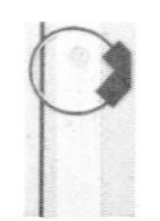
再生纸红包

植林木

不断重复“植树→培育→砍伐→再植树”的过程，使用培育好的木材制作纸张。主要树种是洋槐和尤加利树等阔叶树，六年左右就能培育一批。

原浆纸
笔记本·
五册组

植林木
双环笔记本

长条形
清单便笺

植林木
便利贴·五色

上质纸

对木材进行处理，去除木质素（容易引起褪色的成分）等杂质，制作成化学纸浆。100% 用化学纸浆制成的纸就是上质纸。

环保上质纸
双环笔记本

环保上质纸
一日一页手账
文库本尺寸

环保上质纸
周计划
笔记本

环保上质纸
硬皮本

笔记本的设计、纸张颜色

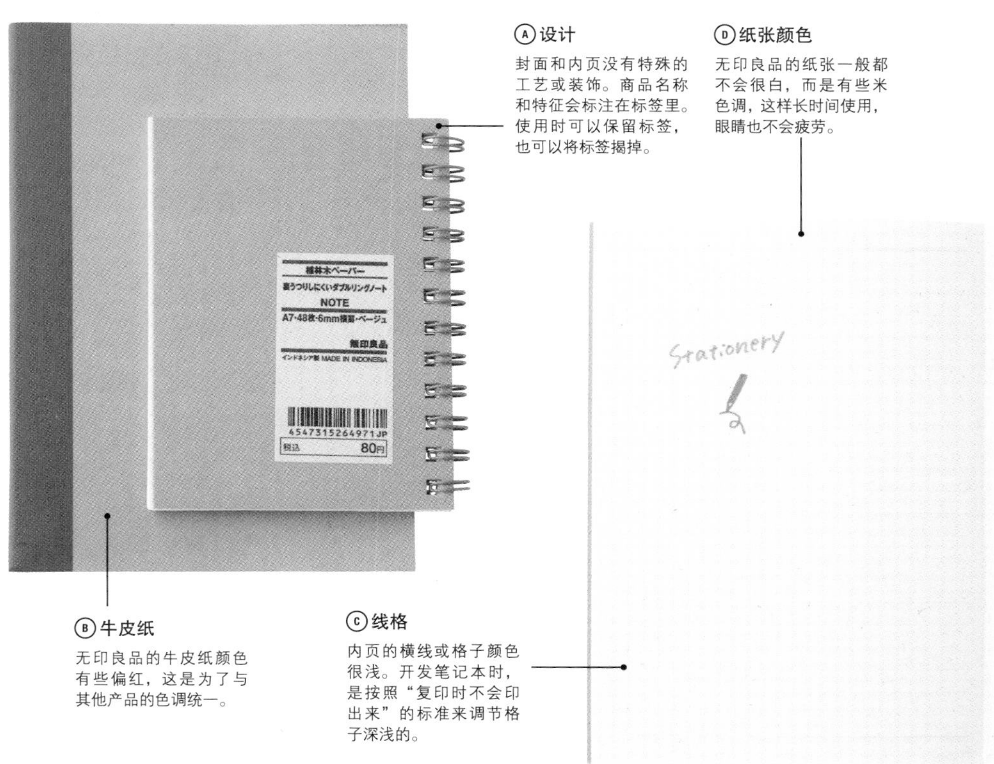

Ⓐ设计
封面和内页没有特殊的工艺或装饰。商品名称和特征会标注在标签里。使用时可以保留标签，也可以将标签揭掉。
Ⓓ纸张颜色
无印良品的纸张一般都不会很白，而是有些米色调，这样长时间使用，眼睛也不会疲劳。
植林木ペーパー
裏うつりしにくいダブルリングノート
NOTE
A7·48枚·6mm横罫·ベージュ
無印良品
インドネシア製 MADE IN INDONESIA
4547315264971JP
税込 80円
Stationery
Ⓑ牛皮纸
无印良品的牛皮纸颜色有些偏红，这是为了与其他产品的色调统一。
Ⓒ线格
内页的横线或格子颜色很浅。开发笔记本时，是按照“复印时不会印出来”的标准来调节格子深浅的。

无印良品的纸品中，种类最多的是笔记本。这些本子按照纸质、规格等分成了不同系列，但设计上却有相通之处。比如，它们的封面都没有任何LOGO和装饰。内页也没有日期标识，通常是从上到下均匀地印刷上横线或格子。这个设计，是为了让消费者自由地从任意位置开始书写。此外，无印良品本子内页的线格也都很浅，既能看清又不会太扎眼。纸张颜色不是纯白色，通常会带一些米色调，这样即使长时间使用，眼睛也不会疲劳。

简单明了地
传达必要信息。

Chap.4 / 05

商品的命名

STATIONERY

无印良品的商品名称没有多余的宣传词，也不会因为追求洋气而刻意使用英语，只是简单明了地将信息传达给顾客。

无印良品商品名的最大特征是简单明了、通俗易懂。比如“用湿布一擦就掉的蜡笔（12 色）”“贴上也能看清字的透明便利贴”“左撇子用起来也很方便的美工刀”（p50）……直截了当，一点都不拐弯抹角。无印良品的商品名跟它的设计理念（p166）很相符，也是本着“不要加入过多描述”的原则。比如，我们在 Chap.1 介绍过的“透明尺”，它最初提案的名称是“容易看清刻度的直尺”，但却被上面驳回了。驳回的理由是：“刻度是否容易看清，应该是由用户决定的”，自己以这个为卖点进行宣传，就显得太自以为是了。另外，无印良品在制作商品标签时也花了很多心思。上面有商品名称、规格（尺寸、数量、颜色、材料）和简单的说明。看了标签基本就知道是什么样的商品，不用再一一打开查看了，消费者选购时会方便很多。不过，无印良品也有让人摸不着头脑的商品名……抱着猎奇的心理，我们故意挑出了这样的商品，下面就一起来看看吧。

用湿布一擦就掉的蜡笔（12 色）

贴上也能看清字的透明便利贴

约 70mm × 95mm
20 枚

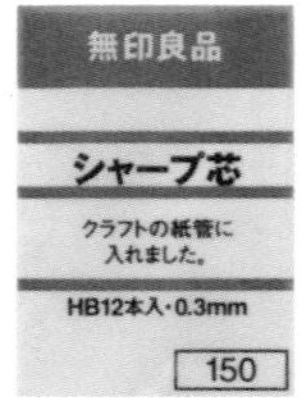

原来标签（左）中最显眼的是 LOGO，最近改成了突出商品名的形式（右）。

亚克力透明尺・15cm

※ 商品详情请参照 p18

这款尺子细节做得很好，前端斜面长度为 3mm，更方便看清刻度。左右两端都标有刻度，对左撇子也非常友好。

No.01

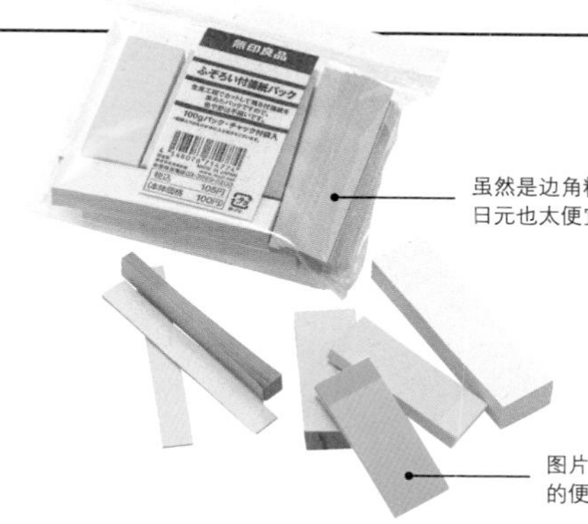

虽然是边角料，100
日元也太便宜了吧。

图片上是以前卖的便利贴套装，现在
的便利贴颜色没有那么鲜艳。

参差不齐的
便利贴套装

100g 自封袋装
2006 年上市
※ 不定期售卖

无印良品的粉丝们应该都知道这款商品吧。“‘参差不齐’到底是什么意思？”很多人可能会产生这样的疑问。其实就是切割纸时产生的边角料，所以大小和颜色都是随机的。不过，最近机器的精度提升了很多，产生的边角料越来越少了，这款参差不齐便利贴也就成了很少见的稀有商品。不过，其中的便利贴不全是无印良品的，也有其他品牌的。

No.02

折纸・大

150mm 正方形、27 色、80 张
1999 年以前上市

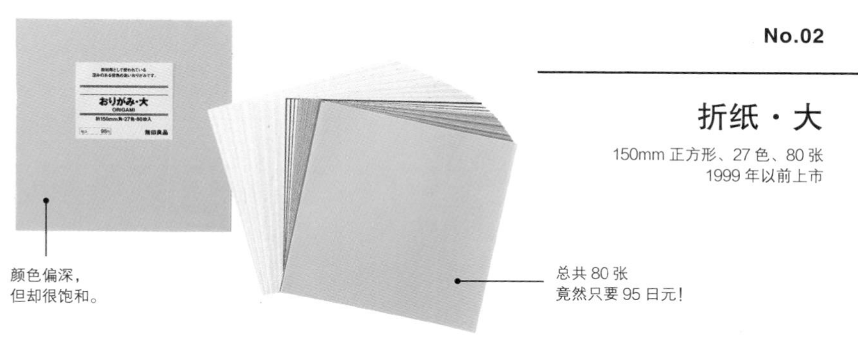

颜色偏深，
但却很饱和。

总共 80 张
竟然只要 95 日元！

这款商品的名称让人在意的不是“折纸”，而是后面的“大”。一般情况下，有“大”就会有“小”，但无印良品却没有“折纸・小”这款产品。据研发人员说，原来是有小折纸的，后来停产了，就只剩下这款大折纸了。更改商品名的话，不仅要重新印刷标签，还要更新注册信息，很麻烦。除了文具之外，其他品类也有很多产品出现了这种情况……请大家嘴下留情，不要吐槽他们了。

这款彩色铅笔自1992年上市以来，一直广受用户好评。它的商品名没什么特殊的，让人在意的各个颜色的名称。颜色名都是研发人员取的，当时遵循的原则是“尽量用日语名”，所以名称一般都是平假名，片假名非常少见。上市二十多年来，这款彩色铅笔的颜色基本没什么变化。有些颜色名特别容易混淆，比如“浅紫色”“淡紫色”“藤紫色”……光看名字，根本没法区分。不过，可能这也算是它的魅力点吧。上学时，熟悉了这些名字复杂的颜色后，还会觉得自己很厉害。说起来，很多颜色的名字都与水果有关，这是为什么呢？浏览色号表时，脑海中会不知不觉涌现出很多疑问，这一点也很有意思。

No.03

彩色铅笔

60色・纸筒装
1992年上市

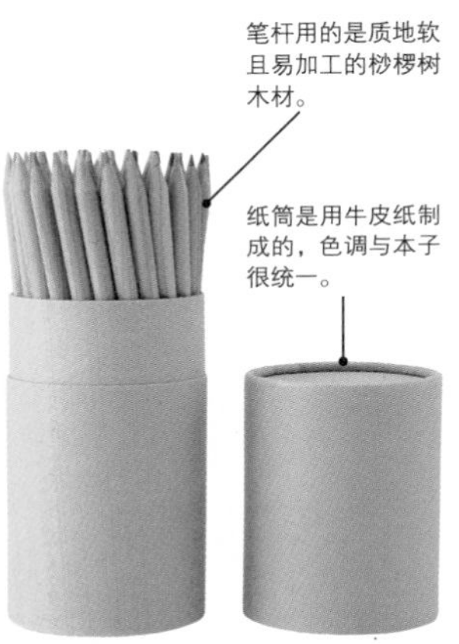

笔杆用的是质地软且易加工的桫椤树木材。
纸筒是用牛皮纸制成的，色调与本子很统一。

彩色铅笔　色号表

铅笔尾部有代表色号的银色数字
●代表12色套装的颜色○代表36色套装的颜色

色号1 ●○ 红色	色号2 ○ 朱红色	色号3 ●○ 橙色	色号4 淡橘色	色号5 ○ 山吹色	色号6 ●○ 黄色
色号7 ○ 柠檬黄	色号8 ●○ 黄绿色	色号9 ○ 宝石绿	色号10 ●○ 绿色	色号11 ○ 灰蓝色	色号12 ●○ 深蓝色
色号13 ○ 天蓝色	色号14 ○ 蜜瓜色	色号15 ○ 群青	色号16 ○ 紫红色	色号17 ○ 胭脂红	色号18 ○ 红棕色
色号19 ●○ 茶色	色号20 ○ 焦茶色	色号21 ○ 小麦色	色号22 土褐色	色号23 土黄色	色号24 ○ 松绿色
色号25 ●○ 水蓝色	色号26 ○ 浅灰色	色号27 藤紫色	色号28 ●○ 浅橙色	色号29 ○ 柚黄色	色号30 ●○ 桃红色
色号31 浅粉色	色号32 樱粉色	色号33 ○ 淡紫色	色号34 ○ 白色	色号35 鼠灰色	色号36 灰色
色号37 墨黑色	色号38 ●○ 黑色	色号39 ○ 金色	色号40 ○ 银色	色号41 暗灰色	色号42 石灰色
色号43 ○ 深绿色	色号44 孔雀绿	色号45 绯红色	色号46 深橘色	色号47 深粉色	色号48 樱蛤色
色号49 ○ 樱桃色	色号50 奶黄色	色号51 蓝色	色号52 苍蓝色	色号53 ○ 紫罗兰色	色号54 牡丹色
色号55 ●○ 紫色	色号56 杏黄色	色号57 ○ 浅紫色	色号58 浅茶色	色号59 嫩绿色	色号60 蓝绿色

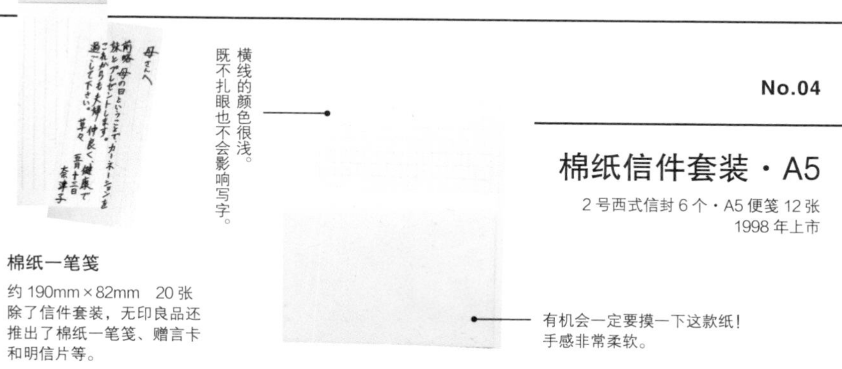

横线的颜色很浅。既不扎眼也不会影响写字。

有机会一定要摸一下这款纸！手感非常柔软。

棉纸一笔笺

约 190mm × 82mm　20 张
除了信件套装，无印良品还推出了棉纸一笔笺、赠言卡和明信片等。

No.04

棉纸信件套装・A5

2 号西式信封 6 个・A5 便笺 12 张
1998 年上市

棉纸这个词不是很常见，但给人的印象是白白的、软软的。这款棉纸信件套装只要 150 日元，看到价格时我心里想，这么便宜，纸质应该不会太好，结果却出乎意料。据说，棉纸是欧美国家在正式场合使用的纸张，它不但历史悠久，本身的品质也非常好。棉纸质地较软，表面却非常平滑，写起字来手感很好，用钢笔写也同样顺滑。便笺和信封是要交给别人的东西，为了更好地传达自己的想法，一定要尽量用好一点的纸。

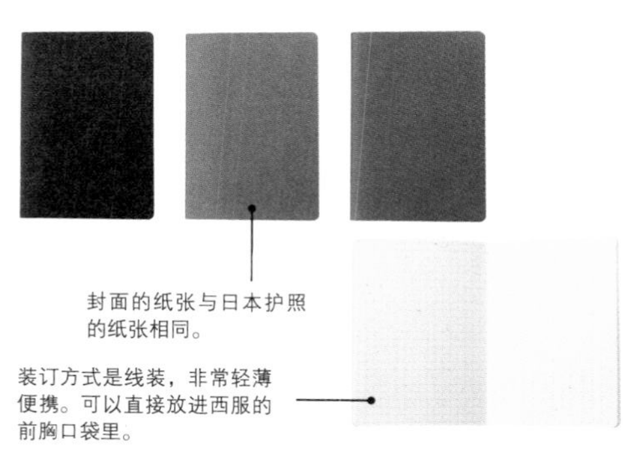

封面的纸张与日本护照的纸张相同。

装订方式是线装，非常轻薄便携。可以直接放进西服的前胸口袋里。

No.05

再生纸护照笔记本

5mm 方格、125mm × 88mm、24 页、绿（右）
空白、125mm × 88mm、24 页、红（中央）
点阵、125mm × 88mm、24 页、深蓝（左）
2006 年上市

这是一款护照大小的笔记本。为什么是护照大小呢？据说，无印良品的初衷是研发一款能随时记下灵感的小本子，这样的话就一定要便携。从“便携”这个特点联想到的就是护照。确实，护照是旅游和坐飞机时必带的证件，即使再多带上一个同样大小的本子，也不会觉得碍事。每个国家护照封皮的颜色都有所不同，最常用的颜色是深红色和深蓝色，接下来是绿色，所以这款本子就推出了红、绿、蓝三种颜色。

文具爱好者们
最爱的免费印章。

Chap.4 / 06

免费福利

STATIONERY

无印良品文具最大的特点就是能自己 DIY，为了更好地发挥这个特点，店里还提供免费印章服务。

Ⓐ

Ⓑ

经常逛无印良品的人一定对店里的印章很熟悉，那是无印良品提供的一项免费服务，正式名称是“MUJI YOUR SELF”。在店里购入笔记本、信封或纸质活页夹后，可以用这些印章 DIY，将其制作成独一无二的文具。买了礼物送人，也可以用它装饰。这项免费印章服务起源于日本东京的有乐町店。2013年，正好赶上有乐町的文具卖场重新装修，就一起引入了免费印章服务。当时，无印良品的文具研发者曾经到卖场视察，据他描述，当时“无论是大人还是孩子，都沉迷在印章上，甚至忘了时间”。一些可爱的小印章，竟然能让店铺变得这么热闹（这种效果持续到了现在），非常不可思议。这种能发挥自己创意的 DIY，对文具爱好者有很大的吸引力。自从引入免费印章，有乐町店的文具销量也上升了不少。为了让用户有更好的体验，无印良品开始在其他店铺引入这项服务。如今，无论大小，几乎所有店铺里都会提供免费印章，这也成了无印良品具代表性的服务之一。

Ⓐ印章主要有字母、数字和小标志这三大类。颜色有黑、红、蓝三种。Ⓑ店里还免费提供装饰礼物的包装纸和贴纸。Ⓒ有乐町店的免费印章区域。位于收银台旁通往文具卖场的过道上。

印章样式

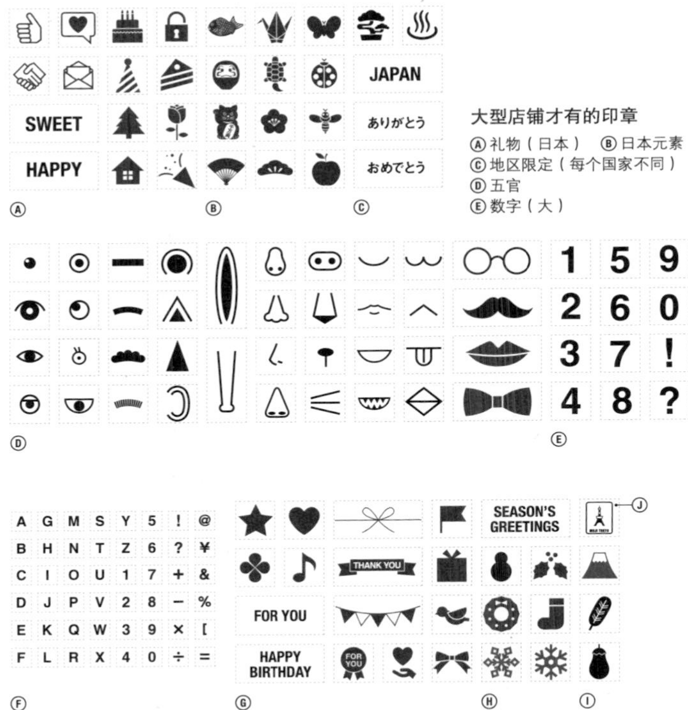

大型店铺才有的印章

Ⓐ礼物（日本） Ⓑ日本元素
Ⓒ地区限定（每个国家不同）
Ⓓ五官
Ⓔ数字（大）

小型店铺和大型店铺都有的

Ⓕ英文字母 + 符号（小） Ⓖ礼物 Ⓗ季节符号（每个季节都有相应的符号。上图中是 11 ～ 12 月圣诞期间的印章）
Ⓘ地区限定（每个国家不同） Ⓙ地区限定（日本各个都道府县）

无印良品的免费印章也是经常更新的，现在的印章是 2017 年 12 月刚刚更新的第三代。第二代印章的设计比较有冲击力，很多图案都非常有意思。第三代则更注重普遍性，为了让孩子和大人都能喜欢，特意设计了很多可爱的图案。这些印章与无印良品的文具一样，都是内部设计师设计的。印章的图案采取选拔制，设计师将自己设计的图案提交上去，然后从中间选出合适的。印章中有很多季节限定、地区限定（日本、海外）的图案，样式非常丰富。随着时间的推移，印章的种类也会越来越多，真令人期待。

免费印章的妙用

Arranged by mizutama

眼睛、鼻子、嘴……将不同的五官组合起来，印出夸张又可爱的表情。除了图上这些，还有其他样式的五官。

再生纸双环笔记本・空白

A5・米・80 页

再生纸笔记本・空白

A5・米・30 页・线装

用圣诞节限定的印章，印出很有冬日气息的图案。

棉纸

信件套装・A5

2 号西式信封 6 个

A5 便笺 12 张

用英文字母印章印上自己的名字，很像专门定制的本子。

再生纸素描册・F1 尺寸

20 张・约 162mm × 225mm

蝴蝶翅膀上的红点是印坏的地方，印上蝴蝶就看不出来了。

用湿布一擦就掉的蜡笔（12 色）

彩色铅笔的纸筒也可以用印章装饰。我是将图案印在便笺上，然后剪成圆形，再贴到纸筒盖上。

彩色铅笔

纸筒装・1/2 大小

36 色・纸筒装

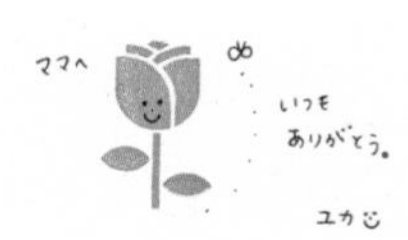

棉纸赠言卡

约 55mm × 91mm・35 张

将印章与手绘结合起来，给重要的人制作漂亮的卡片。

牛皮纸信封（横型）贺卡尺寸

70mm × 105mm・20 张

Mizutama

日本橡皮章雕刻家、插画师。最初从事招牌设计工作，从 2005 年开始制作橡皮章。后来，慢慢在日本各地开设橡皮章教室，也跟文具品牌合作，发售独特而个性的文具。

无印良品文具
的“未来”。

Chap.4 / 07

开发海外市场

STATIONERY

重度文具爱好者们对海外的文具情况应该也很感兴趣吧？其他国家的人气商品和用户情况，与日本有很大的不同。

无印良品在其他国家的分店，店铺陈列方式跟日本差不多。很多到外国出差的日本人都说“无论在哪，只要进入 MUJI 的店铺，就有一种安心的感觉”。海外分店里也有免费印章服务（p182）。

意大利

无印良品的海外分店主要分布在亚洲各地、欧美和中东地区，总数已经达到了 457 家（店铺数量统计时间为 2017 年末）。无印良品在日本国内总共有 423 家店铺，从数量上应该能看出，无印良品在海外市场有多受欢迎。无印良品的文具在海外的销量丝毫不逊色于家具和美妆等生活用品，甚至比那些更有人气。据说，美国纽约分店的很多用户都以为：“无印良品是靠文具起家的（本来是文具制造商）……”

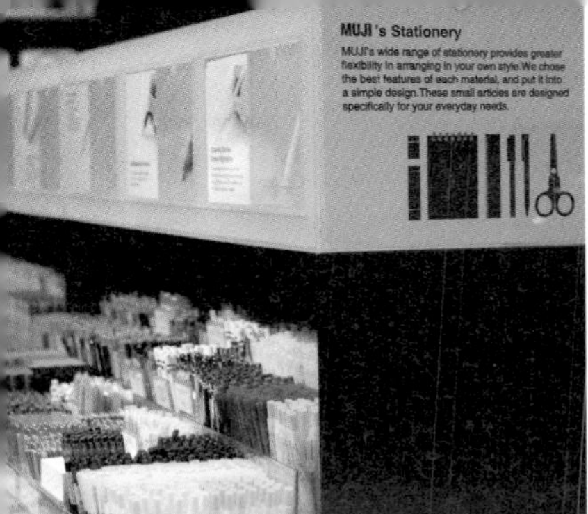

美国　　新加坡

那么，在海外购买无印良品文具的都是哪些人呢？在日本，无印良品文具的用户范围很广，从学生到社会人士都有，而海外市场的情况则要分国家。比如，像英国、法国这样的欧洲国家，文具的售价比较高，无印良品文具的售价是日本店铺的 1.5 ～ 2 倍。对他们来说，无印良品的文具算是一种小小的奢侈品，一般学生们很少购买，消费人群基本都是有经济来源的社会人士。而在亚洲的中国香港和中国台湾地区，主要消费者却是学生。像“方便携带的笔状剪刀”“无钉订书机”这些需要较高技术的文具，都很受年轻人欢迎。

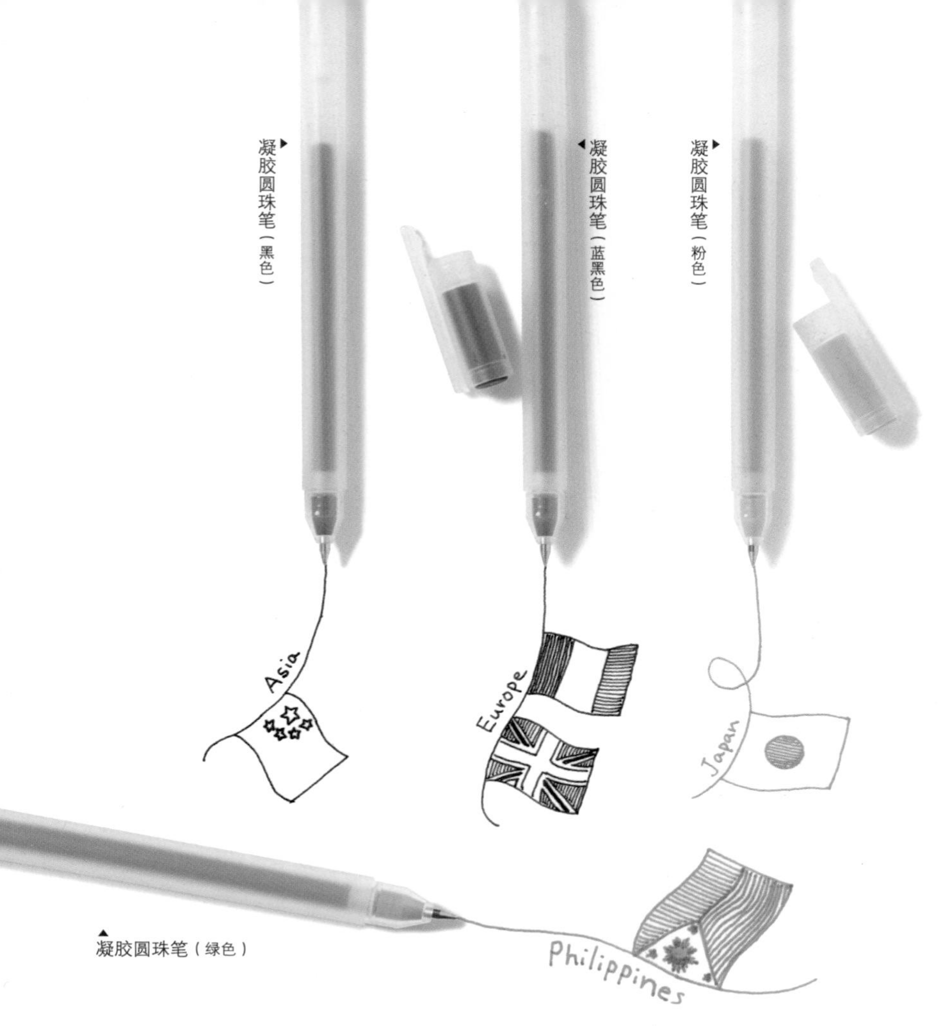

▶凝胶圆珠笔（黑色）

◀凝胶圆珠笔（蓝黑色）

▶凝胶圆珠笔（粉色）

▲凝胶圆珠笔（绿色）

除了办公用品，在海外销量最大的是以凝胶圆珠笔和按压式顺滑凝胶笔为代表的笔类。有趣的是，每个国家的畅销色都各不相同。前面提到了，在日本最欢迎的是粉色（p72），但在经常使用钢笔的欧美国家，最畅销的却是接近墨水颜色的蓝黑色。而亚洲国家则普遍受墨文化的影响，所以都很喜欢黑色。在菲律宾，绿色象征着青春和成长，很多文具店都会把绿色的笔摆在最显眼的位置。笔是日常生活中最常见的文具，人们却因为文化背景等因素产生不同的喜好，很有意思。

那么，这些在海外很畅销的人气商品，今后将如何发展呢？其实，无印良品的文具研发者们也在摸索中。本来无印良品的理念是“让世界各地的孩子们用上品质好的文具”，所以才会有透明尺 70 日元，再生纸笔记本（空白）70 日元，聚丙烯铅笔盒 150 日元这么低的定价。在这个方面，无印良品已经做得很好了。但是，这还远远没有达到他们的要求。着眼未来，无印良品将一边思考今后的定位，一边继续努力。

聚丙烯
笔盒（横型）

小：约 170mm×51mm×20mm
※ 详情请参照 p147

亚克力透明尺

15cm
※ 详情请参照 p18

再生纸笔记本・
空白

A6・米・30 页
线装

ABS 树脂
胶带座

长 15.5cm× 宽 5cm×
高 8.5cm
※ 详情请参照 p42

手动式卷笔刀

小・约宽 55mm× 高 103mm×
长 106mm
※ 详情请参照 p169

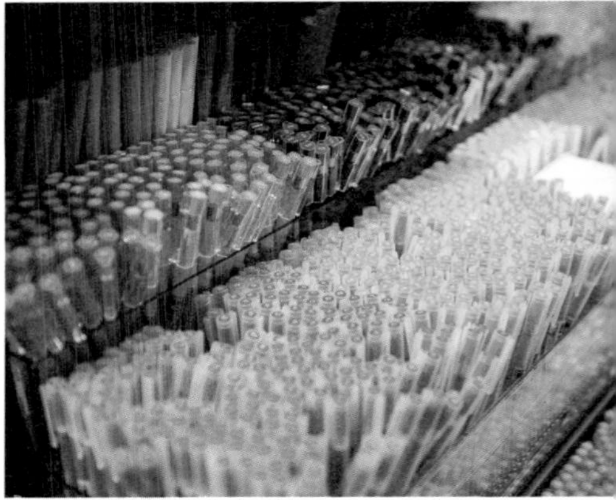

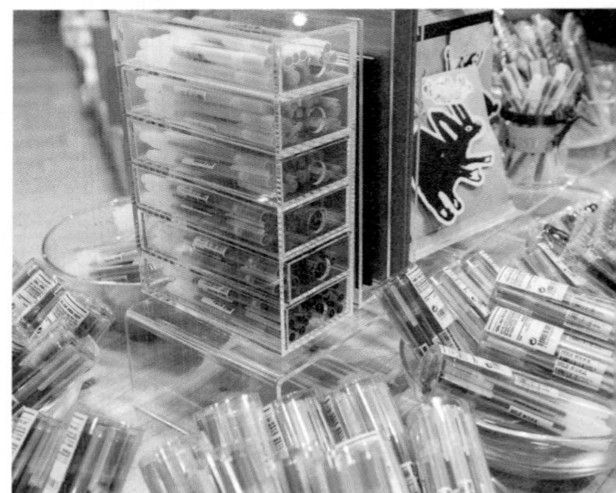

日文版图书制作人员（均为日籍）：

合作	良品计划公司	校对	武由记子
采访、撰稿	Chap.01/ 菅未里	用纸	佐藤悠（竹尾）
	Chap.03/ Tonoel	销售	峰尾良久（G.B.）
	Chap.02、04/ 山田容子（G.B.）	企划构成、编辑	山田容子（G.B.）
排版	别府拓（G.B.Design House）		
摄影	宗野步		
插图	Chai		
助理编辑	佐藤乔（Chap.01）		

MUJI YOURSELF
スタンプを押して、カスタマイズができます。お会計後、紙製品やラッピング袋でお楽しみください。
Stamp yourself a custom design.Create your own paper products and gift bags.
1
Purchase the product.
2
スタンプを自由に押す
Use our stamps and get creative.
3
オリジナルの完成
Enjoy your own original design.

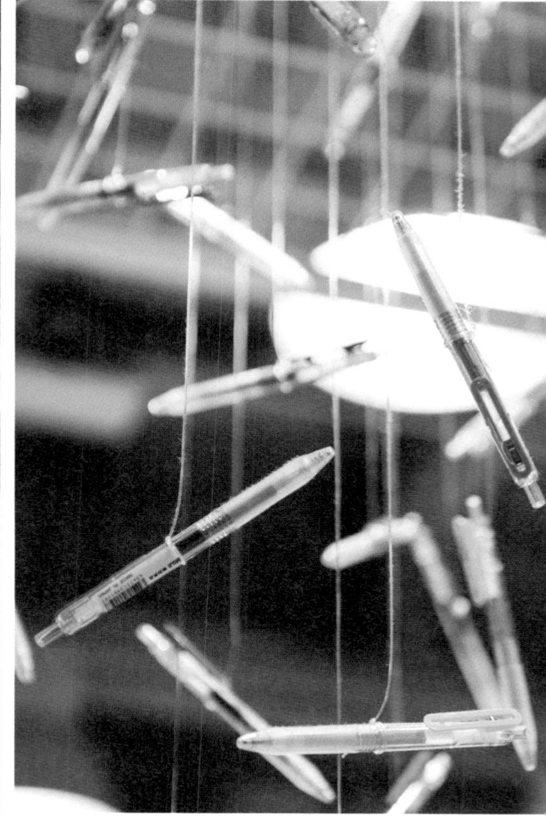

图书在版编目（CIP）数据

MUJI. 无印良品文具 / 日本G.B.编著 ; 王宇佳译
. -- 海口 : 南海出版公司, 2021.5
ISBN 978-7-5442-9885-8

Ⅰ. ①M… Ⅱ. ①日… ②王… Ⅲ. ①文具—介绍
Ⅳ. ①TS951②TS976.3

中国版本图书馆CIP数据核字(2021)第063372号

著作权合同登记号　图字：30-2020-136
TITLE：［無印良品の文房具。］
BY：［株式会社ジー・ビー］

MUJI: WUYINLIANGPIN WENJU
MUJI：无印良品文具

策划制作：北京书锦缘咨询有限公司（www.booklink.com.cn）
总 策 划：陈　庆
策　　划：姚　兰

编　　者：日本G.B.
译　　者：王宇佳
责任编辑：张　媛
排版设计：柯秀翠
出版发行：南海出版公司 电话：（0898）66568511（出版）（0898）65350227（发行）
社　　址：海南省海口市海秀中路51号星华大厦五楼　邮编：570206
电子信箱：nhpublishing@163.com
经　　销：新华书店
印　　刷：昌昊伟业（天津）文化传媒有限公司
开　　本：889毫米×1194毫米 1/32
印　　张：6
字　　数：185千
版　　次：2021年5月第1版　　2021年5月第1次印刷
书　　号：ISBN 978-7-5442-9885-8
定　　价：64.00元